强激光场中原子分子
高次谐波及阿秒脉冲产生

葛鑫磊 著

北 京

冶 金 工 业 出 版 社

2023

内 容 提 要

本书通过求解含时薛定谔方程，理论分析圆偏振激光作用下高次谐波发射机制、短周期激光脉冲作用下高次谐波及孤立阿秒脉冲的产生，以及核运动效应对谐波的影响；分析了激光参数、激光场强度、相对相位、核间距等要素在谐波发射过程中的作用，并通过时频分析、半经典三步模型、电子波包概率分布等对谐波发射机理进行了阐述。

本书可供从事强场物理领域、强场方向相关人员或研究生阅读参考。

图书在版编目（CIP）数据

强激光场中原子分子高次谐波及阿秒脉冲产生／葛鑫磊著 . —北京：冶金工业出版社，2023.11

ISBN 978-7-5024-9682-1

Ⅰ.①强… Ⅱ.①葛… Ⅲ.①谐波—研究 Ⅳ.①O455

中国国家版本馆 CIP 数据核字（2023）第 229275 号

强激光场中原子分子高次谐波及阿秒脉冲产生

出版发行	冶金工业出版社	电　话	（010）64027926
地　址	北京市东城区嵩祝院北巷 39 号	邮　编	100009
网　址	www.mip1953.com	电子信箱	service@ mip1953.com

责任编辑　姜恺宁　美术编辑　彭子赫　版式设计　郑小利
责任校对　范天娇　责任印制　窦　唯

北京印刷集团有限责任公司印刷

2023 年 11 月第 1 版，2023 年 11 月第 1 次印刷

710mm×1000mm　1/16；6 印张；103 千字；89 页

定价 69.00 元

投稿电话　（010）64027932　投稿信箱　tougao@cnmip.com.cn
营销中心电话　（010）64044283
冶金工业出版社天猫旗舰店　yjgycbs.tmall.com
（本书如有印装质量问题，本社营销中心负责退换）

前　言

　　光与物质的相互作用一直是物理学研究的重要课题，近年来，随着激光技术的快速发展，激光脉冲的宽度被不断缩短而强度却被不断提高，与此同时，人们对光与物质相互作用的研究也进入到强场物理领域。强激光脉冲的使用极大地拓展了人们对光与物质相互作用的认识，一系列新奇的强场物理现象被发现。这些新现象的出现为理论和实验研究都带来了巨大的挑战，同时，也推动了现代激光技术的进一步发展。在这些新的强场现象中，原子分子的高次谐波发射吸引了大量的关注。高次谐波辐射谱的等频间隔特点及其所具有的延展的平台结构为产生极紫外相干辐射和制备脉宽达阿秒量级的光脉冲提供了绝佳的途径。阿秒脉冲将为人类进一步认识原子分子内部电子的超快动力学过程打开大门。目前，对高次谐波的研究主要集中在提高谐波转化效率和拓展谐波平台的截止位置这两个方向上。

　　本书主要通过求解强激光场与原子分子相互作用的含时薛定谔方程来研究高次谐波发射过程以及阿秒脉冲的产生。全书共5章，第1章，介绍超短强激光脉冲技术的发展历程，在科学研究中的应用及未来的发展方向，并论述高次谐波的基本概念、物理原理、理论方法以及高次谐波重要意义、发展方向和应用前景等；第2章，介绍理论研究高次谐波发射所使用的近似方法和理论模型；第3章，介绍圆偏振激光脉冲和太赫兹组合场与H_2^+作用下高次谐波的产生；第4章，介绍短周期激光脉冲作用下高次谐波及孤立阿秒脉冲的产生；第5章，分析短周期激光脉冲作用下 H_2^+ 核运动对高次谐波产生的影响。

本书的出版感谢渤海大学物理科学与技术学院给予的支持。

囿于作者学识水平，书中不妥之处恳请读者不吝赐教、批评指正。

作　者

2023 年 8 月

目　　录

1　绪　论

随着科学技术不断进步，人们对大自然的探索越来越深入。近到咫尺之间，远至苍穹宇宙；小达微观粒子，大到广阔苍穹，浩瀚无穷且又精致细腻的时空中，到处都充满了人们不断探索的痕迹。在微观世界，人们不断努力挑战极限，对事物内部的认识已经达到原子分子及电子层面[1-3]。我们知道，电子是构成物质的基本微粒之一，从 Thomoson 在 1987 年发现电子的存在后，科学家们就开始研究如何能够探测甚至控制原子内部的电子运动[4]，电子运动的时间尺度极小，基本上保持在几十到几千阿秒（10^{-18}s）内，于是，使用相同量级的工具对其进行探测甚至控制是完全必要的。而超短激光脉冲为人们开启了这个全新研究领域的大门。人们已经采用叠加高次谐波的方法得到了阿秒脉冲[5-6]，使得探测和控制阿秒尺度内电子的运动轨迹成为可能。

1.1　激光技术的发展历程及应用

从 20 世纪 60 年代第一台激光器问世开始，激光技术的每一次重大突破，都使激光与原子分子相互作用的探索也随之发展。从激光的不断发展中，人们一直致力于如何有效获得强度更高持续时间更短的脉冲，因此，随着人们不断开拓探索，激光的发展已经经历了如下阶段（图 1.1）。

第一阶段，20 世纪 60 年代，可达到的最大的激光峰值强度还不及原子内部库仑场的强度。对于许多非线性光学现象，人们通过微扰理论成功地进行了解释。1962 年，调 Q 技术的出现，使得激光强度达到了兆瓦（10^6W）、纳秒（10^{-9}s）量级；1964 年，锁模技术的应用，激光的强度达到吉瓦（10^9W）、皮秒（10^{-12}s）量级。这时非微扰理论替代了已经不再适用的微扰理论，来解释一些新出现的非线性现象。

第二阶段，20 世纪 70 年代，在这个阶段，各种理论和技术都迅速发展并成熟化，如锁模技术等。主动锁模和被动锁模是最常见的方法[7]。但这些技术会引

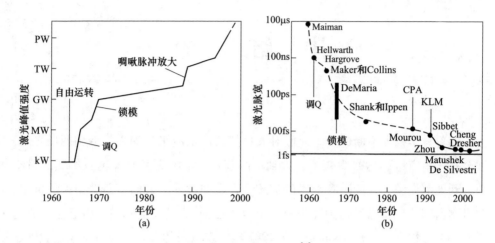

图 1.1 激光发展阶段[4]

（a）1960—2000 年间激光峰值强度的发展历程；

（b）1960—2000 年间激光脉宽（半高全宽）经历的变化

发其他的非线性现象，限制了激光强度的进一步提高。

第三阶段，20 世纪 80 年代中后期，啁啾脉冲放大技术[8]的出现打破了 70 年代激光停滞不前的状况。激光强度达到飞秒（10^{-15} s）、太瓦（10^{12} W）量级。但与此同时，产生了更多新的高阶非线性现象，使得强场物理的研究真正进入了新的领域。

第四阶段，20 世纪 90 年代，克尔透镜锁模技术的出现，使得激光的峰值强度达到了皮瓦（10^{15} W）量级，利用该技术，实验上得到了脉冲宽度在 5fs 左右、峰值强度在 10^{15} W/cm^2 的激光脉冲。

第五阶段，21 世纪末至今，阿秒脉冲的产生就是这个阶段对激光技术发展最好的诠释。激光技术又一次开创了全新的研究领域，5fs 的近红外激光脉冲在实验上已经较容易实现，而且其聚焦后光强已经可达到约 10^{22} W/cm^2 量级。不仅如此，在实验上，人们已经多次成功得到阿秒量级的激光脉冲，而阿秒脉冲可以对原子内电子的运动进行跟踪研究。

1.2 原子在强激光场中的电离

通过人们的努力，激光强度不断突破新高，激光脉冲的强度已经从可以达到原子内部库仑场强度到远远超过这个强度[9]。而 Keldysh 系数 γ 是区分激光与原子相互作用是否达到非微扰区的主要依据。Keldysh 参数定义为：

$$\gamma = \sqrt{\frac{I_p}{2U_p}} = \omega\sqrt{\frac{2I_p}{I}} \tag{1.1}$$

式中，I_p 为电离能；U_p 为有质动力能；I 为激光的光强；ω 为激光的频率。如果 $\gamma \gg 1$，那么可以通过微扰理论来解释原子核外的电子从束缚态跃迁到连续态这一过程，且与实验结果符合得很好；如果 $\gamma \ll 1$，那么微扰理论将不再适用，实验上探测到的现象就要通过非微扰理论才能得到很好的解释。

电离是激光与物质相互作用研究的基础，而激光强度的大小会对电子的电离机制产生影响。下面介绍几种常见的电离机制。

1.2.1 多光子电离

如图 1.2 所示，电子吸收多个光子（2 个及以上）后，从束缚态跃迁到连续态，称为多光子电离（MPI），一般发生在激光场峰值强度小于 $10^{14}\,\mathrm{W/cm^2}$ 时。多光子电离的机制是由 Manus 等人[10]在 20 世纪 60 年代初发现的。Fabre 等人[11-12]于 70 年代初通过微扰理论给出了 n 光子电离速率的表达式并对这一过程进行了描述，表达式为：

$$\Gamma_n = \sigma_n I^n \tag{1.2}$$

式中，n 为电子电离所需的最少光子数；I 为激光的峰值强度；σ_n 为 n 光子吸收截面。但是，随着激光场强度的增加，Lompré 等人[13]发现通过微扰理论给出的

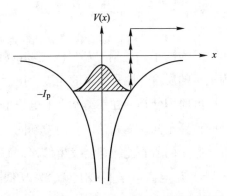

图 1.2　发生多光子电离的过程示意图[4]

结果已经不再准确，而布居耗尽是对这个现象最合理的解释。当激光场的强度达到某一临界强度时，原子核外的电子就将被全部电离，该临界强度称为饱和强度，此时电离过程就无法再通过微扰理论来描述。假如激光场的场强不断增加，电子和激光场将发生耦合效应，原子能级将产生动态位移，即 AC-Stark 效应。即使通过高阶的修正，微扰理论也已经无法解释这一物理现象，因为原子能级的动态位移是非微扰的。

1.2.2　阈上电离

Agostini 等人[14]在 1979 年最先发现，电子可以吸收更多的光子（超过 MPI 过程中所吸收的光子数）而从束缚态电离到连续态，这种电离过程称作阈上电离（ATI）。原子势在激光场下将发生形变，1980 年由 Gontier 和 Trahin[15]采用非微扰理论给出解释，并给出电离速率公式，形式如下：

$$\Gamma_{n+s} \propto I^{n+s} \tag{1.3}$$

$$E_f = (n + s)\hbar\omega - I_p \tag{1.4}$$

式中，n、s 分别为电离所需的和额外吸收的光子数；I_p 为电离能。

电子能谱仪的出现使得电子能谱测量的精度得到了很大提高，人们发现，当提高激光场强度，ATI 能谱的低阶峰被抑制了，式（1.3）不再适用，微扰理论又遇到了困难。在 1986 年，Yergeau 等人[16]通过 AC-Stark 效应对这个现象给出了解释。电子在外场的作用下将额外获得能量 U_p，U_p 的表达式为：

$$U_p = \frac{e^2 E^2}{4m\omega^2} = 9.3 \times 10^{-14} I\lambda^2 \tag{1.5}$$

式中，U_p 为有质动力能；e 为电子的电荷；E 为激光场的强度；ω、λ 分别为激光的频率和波长；m 为电子的质量。原子体系的能级会产生不同程度的偏移，是由于激光强度达到一定高度时即使是处在束缚态上的电子也会获得一定的有质动力能。而根据电子所处的位置不同，受到核的作用力不同，所以能级移动也有所差异。在强激光作用下，原子的所有能级都会发生偏移，而阈上电离原来的 n 光子电离通道就会被关闭[16]，从电离电子能谱上就会发现低阶的谱峰会随着光强的增加逐渐消失，如图 1.3 所示。

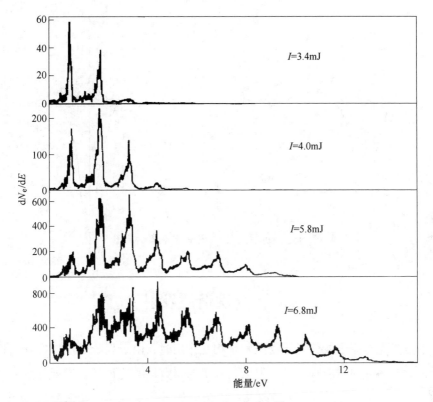

图 1.3 ATI 光电子能谱[5]

1.2.3 隧穿电离和越垒电离

在 1965 年，Keldysh[17]预言：当激光场强度足够高且频率足够低时，激光场就可以视为准静态的，即原子在电离时刻激光场可近似为一个静电场，这个场会使得原子势发生扭曲，两端高低将不同，一端被压低，这时，电子就有概率隧穿过势垒电离出去（TI），如图 1.4（a）所示。

电离速率可以通过 ADK 理论得到[18]。

随着激光光强继续增大，势垒形变更显著，当激光强度进一步增至 $10^{18}\,\mathrm{W/cm^2}$ 时，处在基态的电子都将脱离原子核的束缚，这种电离称为越垒电离（OTBI），如图 1.4（b）所示。在越垒电离机制下，原子的势能对电子的影响几乎可以忽略不计，电子波包会整体运动，波函数由 Volkov 态[19]组成。电离速率以及时间的变化都是高度非线性的。

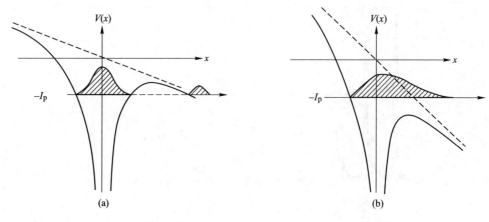

图 1.4　隧穿电离示意图（a）和越垒电离示意图（b）[4]

1.3　高次谐波发射

当强激光与原子或分子等物质发生相互作用时，由于高阶非线性极化而产生相干辐射波，且辐射波频率是入射激光频率的整数倍，这种光波发射称为高次谐波发射（HHG）。典型的高次谐波发射谱会呈现出如下规律：在低阶次区域，高次谐波强度迅速下降，紧接着出现了强度几乎保持不变的平台结构，最后在某一阶次处谐波的强度急剧下降，出现截止，如图 1.5 所示。由于高次谐波光谱覆盖

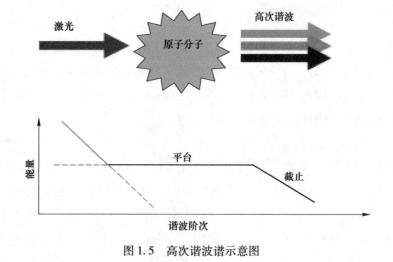

图 1.5　高次谐波谱示意图

范围非常广，发射效率又很相近，频率间隔一致，而且具有辐射波持续时间较短、波长可调等特点，很快就成为人们实现阿秒脉冲的有效途径。

1.3.1 高次谐波

电子返回核附近并与母核复合，放出高能光子，产生高次谐波是在 20 世纪 80 年代由 Shore 和 Knight 最早预言的[20]。同时期，Mcpherson 等人[21]通过选用惰性 Ne 原子气体为靶，利用波长为 248nm 的亚皮秒 KrF 激光脉冲，实验上观测到了 17 阶次谐波，这是一个开创性的工作。1988 年，Ferray 等人[22]也成功通过实验得到 33 次谐波。从此以后，实验上对高次谐波的研究也得到了越来越多的关注[23-25]。图 1.6 所示是高次谐波产生的装置，（a）（b）（c）和（d）分别为气体喷流，充气波导管，充气靶室，预电离气体的等离子体波导管。而实验上最为广泛使用的是气体喷流和充气波导管。

对高次谐波的研究主要致力于如何扩展谐波平台和如何提高高次谐波的强度。1997 年，Chang 等人[26]通过用惰性气体 He 和 Ne 与超短脉冲相互作用，得到了能量为 460eV 的相干射线，并且成功观测到 297 阶次谐波。一年后，Schnürer 等人[27]利用 He 离子与半高全宽为 5fs 的脉冲相互作用，得到了能量为 415eV 的谐波。以上两种情况对生物研究具有重大的意义，因为高次谐波已经扩展到了"水窗"（2.33~4.37nm）波段。而在提高谐波强度方面，Rundquist 等人[28]通过替换掉喷嘴式靶，改用充气毛细管，使得谐波的相位更加匹配，导致谐波的效率有效增强，甚至达到了 $10^{-4} \sim 10^{-6}$ 量级。为了提高高次谐波的强度，固体的靶和团簇等也广泛被人们使用[29]。Gibson[30]和 Seres 等人[31]也实现了水窗波段的相位匹配。

1.3.2 高次谐波发射机制

激光强度的提高，已经破坏了微扰理论成立的条件，导致谐波谱出现的平台区无法通过微扰理论给出合理的解释。那么为了进一步研究强激光场与原子分子的相互作用，关键问题就是如何解释这一现象。在 1993 年，Corkum 等人[33]通过半经典理论模型成功地对谐波发射机制进行了清晰的描述，如图 1.7 所示。

Corkum 的半经典理论分为三个阶段，即人们所熟知的"三步模型"。第一步，处在基态的电子在激光场的作用下离开母核电离从而进入连续态，以何种方式电离则取决于激光的强度。第二步，电子电离后，由于库仑势和激光场的强度

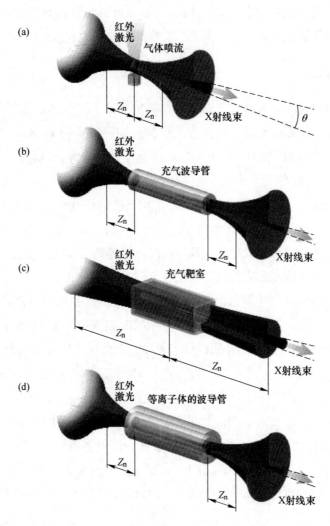

图 1.6 实验上高次谐波发射靶装置[32]

相比很弱，所以可以把电子看作是只在激光场作用下运动的自由电子。激光场是随着时间做周期振荡，当激光场反向，有一部分电子将越跑越远，不再回来；而另一部分电子在激光场的作用下被拉回到母核附近。第三步，在激光场的作用下被拉回母核附近的电子就有一定的概率与母核发生散射或复合。前一种情况将产生一个高能自由电子；后一种情况将放出高能光子，即高次谐波发射。而对于低次谐波的发射则是由于基态和其他束缚态之间、高激发态和连续态之间的跃迁所导致的。通过三步模型可以发现，电离能加上电子从激光场中运动所获得的额外

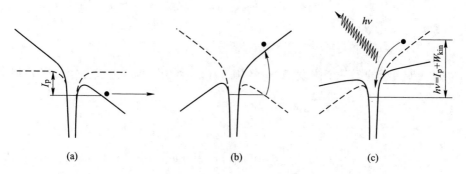

图 1.7 "三步模型"示意图[34]

（a）电子隧穿势垒而电离；（b）电子在激光场中加速；（c）电子与母核复合发射高次谐波

动能就是辐射出的光子所携带的最大能量，所以高次谐波截止处的能量为：

$$E_{cutoff} = I_p + 3.17U_p \qquad (1.6)$$

式中，I_p 为电离能；U_p 为有质动力能，即电子在激光场中的平均颤动动能。

在半经典三步模型中，存在如下假设：

（1）在电离时刻 t_0，初始的速度和位移都为零，即 $x(t_0) = 0$，$v(t_0) = 0$；

（2）电子电离后，其运动与原子势没有关系，只取决于电离时刻激光场的相位；

（3）电子返回后，可以无限地靠近母核。

半经典三步模型可以让人们清楚地了解高次谐波的产生过程，下面以单色场为例，简单介绍这个过程。

假设入射激光场形式如下：$E(t) = E_0\cos(\omega_0 t)$，其中 E_0 和 ω_0 为入射激光的电场振幅和频率。电子在激光场作用下电离后，被看作自由电子，可以通过经典的牛顿方程来描述其在外场中的运动：

$$\frac{d^2x}{dt^2} = E_0\cos(\omega_0 t) \qquad (1.7)$$

式中，x 为电子与母核距离。假设在 t_0 时刻，电子在激光脉冲作用下电离，在 t 时刻电子的速度和位移分别为：

$$v(t) = \frac{E_0}{\omega_0}\left[\sin(\omega_0 t) - \sin(\omega_0 t_0)\right] + v(t_0) \qquad (1.8)$$

$$x(t) = -\frac{E_0}{\omega_0^2}[\cos(\omega_0 t) - \cos(\omega_0 t_0) + \omega_0(t - t_0)\sin(\omega_0 t_0)] + \tag{1.9}$$

$$v(t_0)(t - t_0) + x(t_0)$$

而根据三步模型的第一个假设，$v(t_0) = 0$，$x(t_0) = 0$，所以上面两个式子可以简化为：

$$v(t) = \frac{E_0}{\omega_0}[\sin(\omega_0 t) - \sin(\omega_0 t_0)] \tag{1.10}$$

$$x(t) = -\frac{E_0}{\omega_0^2}[\cos(\omega_0 t) - \cos(\omega_0 t_0) + \omega_0(t - t_0)\sin(\omega_0 t_0)] \tag{1.11}$$

根据三步模型的第三个假设，可知如果电子与母核复合，那么应该满足条件 $x(t_r) = 0$，对于电离时刻 t_0，复合时刻 t_r 可以通过式（1.11）求出，再根据式（1.10）可以求出电子 t_r 时刻的动能 E_k：

$$E_k = \frac{1}{2}v^2(t_r) = \frac{E_0^2}{2\omega_0^2}[\sin(\omega_0 t_r) - \sin(\omega_0 t_0)]^2 \tag{1.12}$$

$$= 2U_p[\sin(\omega_0 t_r) - \sin(\omega_0 t_0)]^2$$

图 1.8 展示了电子的动能与电离时刻以及复合时刻的变化关系，在图中可以清楚看到，电子的最大动能是 $3.17U_p$，那么得到光子能量为 $I_p + 3.17U_p$，这与实验中所观测到的截止能量非常吻合。

由于半经典三步模型成功展现出了高次谐波清晰的物理图像，被人们广泛接受并使用。但是这个理论还有一定的不足，主要体现为对电离过程的表述是定性的；电离时电子的初速度和初始位置都定义为零，这是不符合实际情况的；电子电离后，在外场中运动没有考虑库仑势对它的影响，把电子看成自由电子；而在复合中，电子波包的扩散和干涉都没有考虑，但对于高次谐波的产生而言，谐波的相干控制是至关重要的。

紧接着，Lewenstein 等人[35]在"三步模型"理论和费曼路径积分思想的基础上，提出强场近似模型，该模型是全量子的，适用的条件为：$1 \ll I_p \le U_p < U_{sat}$，

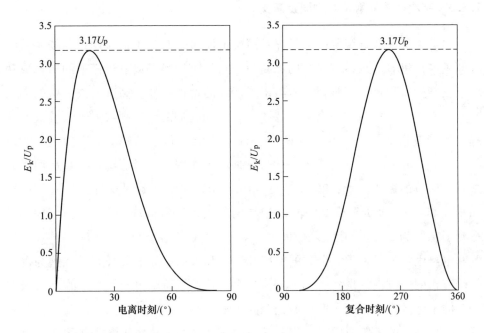

图 1.8 电子回复到母核时的动能与电离时刻及复合时刻的变化关系

其中 U_{sat} 是电子电离的饱和光强,所以对于低于饱和光强的激光脉冲作用下高次谐波的产生能够给出较好的解释。强场近似模型基于三个假设:

(1)只考虑基态的贡献,其他束缚态的贡献忽略不计;

(2)不考虑基态的耗散;

(3)当电子处在连续态的时候,库仑势对它的影响不予考虑。

强场近似模型考虑了电子从电离到与母核复合时间段内的量子扩散效应,无论从物理意义还是所包含的物理信息来看,都是十分成功的。不足之处是忽略了束缚态的作用,而在高次谐波的产生过程中,激发态的布居和影响也是十分重要的;其次也没有考虑束缚态之间的跃迁。

另外,通过数值求解含时薛定谔方程的方法,得到各个时刻的波函数,含时偶极矩可以通过 Ehrenfest 理论[36]求得,而高次谐波谱正比于偶极矩傅里叶变换的模方,这种方法也可以很好地模拟出实验结果。只要精度足够高便可以得到很准确的结果。而求解含时薛定谔方程的方法主要有分裂算符法、Crank-Nicolson 差分法、有限差分法等。

1.3.3　高次谐波发射技术进展及意义

强场中各种新奇现象的出现都对高次谐波研究起着推动作用，强场领域的不断发展促进着高次谐波研究的不断前进与深入。半经典三步模型的出现成功对谐波产生过程进行了解释，并给出了清晰的物理图像。高次谐波发射的相关研究一直是强场领域的一个热门课题[37-40]，而人们的研究则致力于谐波效率的提高和谐波谱的展宽，并在这两个方面有了颇多成就。例如，实验上，2012年，Ciappina 等人[41]通过少周期的长脉冲激光作用于纳米等离子体，从而增大了高次谐波的截止位置；2012年，Popmintchev 等人[42]通过中红外激光作用于高压气产生了 5000eV 量级的能量较高的谐波，通过截取一定阶次的谐波谱，得到了脉宽为 2.5as 的阿秒脉冲。Ishikawa 等人[43]在 2009 年发现，当截止位置和电离固定的条件下，谐波的效率几乎只和入射激光的波长有关，这为以后的研究指明了方向。次年，He 等人[44]研究了双色场作用于氩原子时高次谐波产生的干涉效应，得到了两束激光时间延迟与奇、偶谐波的强度以及干涉的关系。随着技术的不断成熟，人们对谐波的研究已经不局限于激光作用在稀有气体上，激光与团簇[45]、等离子体[46]、分子[47]、ZnO 晶体[48]的研究也已经逐步展开。

高次谐波发射应用前景大体可概括为以下三个方面。

第一，高次谐波辐射可以用来有效研究分子中电子的力学特征、分子轨道成像。2004 年，Itatani 等人[49]成功通过高次谐波辐射研究了氮气分子最高占据分子轨道成像，此后人们利用高次谐波轨道成像进行了一系列的研究，发现对称分子轨道可以直接通过高次谐波发射进行轨道成像[47]；对于不对称分子，通过控制波包的重碰撞，也可以通过高次谐波发射进行轨道成像[50-51]。

第二，高次谐波辐射是获得 XUV 波段和 X 射线的有效手段[52-53]。采用少周期强激光脉冲与惰性气体相互作用已经可以得到截止频率达"水窗"波段（2.33~4.37nm）的相干 X 射线[54]。这个波段为研究以水为背景的生物活体细胞提供了可能。

第三，利用高次谐波谱强度几乎保持不变的平台结构和不同阶次谐波等频间距的特点可以合成阿秒光脉冲[5,55]。电子运动的时间尺度极小，基本上保持在几十到几千阿秒内，于是为对其进行探测甚至控制，相同量级的工具是完全必要的。如图 1.9 所示，若对原子内壳层电子运动进行研究，飞秒量级是不够的，必须要缩短到阿秒量级才可以实现。而不论在实验还是在理论上，目前高次谐波都是得到阿秒脉冲的绝佳选择[56-58]。

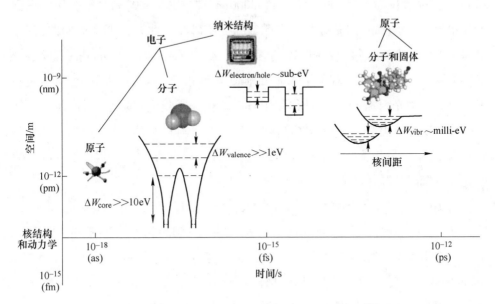

图 1.9 微观动力学过程时间尺度以及空间尺度[59]

1.4 阿秒激光脉冲的发展及其应用

阿秒脉冲的产生使得超快动力学进入一个全新的研究领域，所以其意义是十分重大的。利用阿秒脉冲可以跟踪电子的运动，观察电子的弛豫过程等。目前人们主要通过三种手段来得到阿秒脉冲：汤姆逊散射[60]、受激拉曼散射[61]，以及高次谐波发射。高次谐波已经成为实现阿秒脉冲的绝佳选择。

1.4.1 阿秒激光脉冲产生技术进展

2001 年，Hentschel 等人[62]利用短周期的激光脉冲（7fs）作用于惰性气体 Ne 原子上，第一次获得了 650as 的阿秒脉冲，这是实验上首次获得阿秒量级的脉冲。

在理论上，人们通过采取不同激光场方案来缩短阿秒脉冲的脉宽。2007年，曾志男等人[63]利用 6fs，800nm 和 21.3fs，800nm 的组合激光场，获得了

65as 的孤立阿秒脉冲。2008 年，翟振等人[64]对初始态的选取进行了研究，通过选取基态和第一激发态叠加的方案得到了脉宽为 45as 的孤立阿秒脉冲。2009 年，洪伟毅等人[65]利用 12.5fs，2000nm 和 12fs，800nm 的组合场，得到了脉宽为 95as 的孤立阿秒脉冲，在此基础上还研究了此方案下多周期的情况，得到了 100as 的孤立脉冲。同年，李鹏程等人[66]采用 5fs，800nm 的啁啾激光脉冲以及 27 倍频脉冲，获得了 26as 的孤立阿秒脉冲。同年，张刚台[67]等人利用一个双色激光附加 XUV 脉冲作用于 He+ 离子，选取不同的相对时间延迟，使得谐波强度有效提高，并获得了 39as 的超短孤立阿秒脉冲。2013 年，Yuan 等人[68]采用椭圆偏振激光和太赫兹场的组合场与 H_2^+ 相互作用，得到了 114as 的孤立圆偏振阿秒脉冲激光。

在实验上，2005 年，Yoshitomi 等人[69]利用 17fs，820nm 基频叠加 46fs，1230nm 的辅频脉冲，通过滤波获得了 98as 的孤立阿秒脉冲。2006 年，Sansone 等人[70]利用偏振门和啁啾补偿技术获得了脉宽为 130as 的阿秒脉冲。2008 年，Goulielmakis 等人[71]利用少周期近红外激光脉冲作用于氖原子，获得了脉宽为 80as 的孤立阿秒脉冲（图 1.10（a））。2009 年，Feng 等人[72]利用 20fs 和 28fs 的激光脉冲，通过广义双光门方案得到了 148as 的孤立阿秒脉冲（图 1.10（b））。

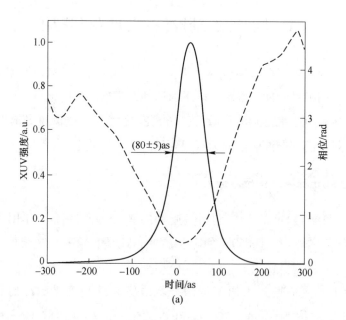

(a)

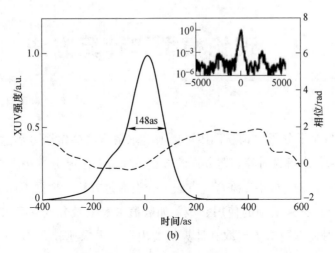

(b)

图 1.10　实验上获得的孤立阿秒脉冲

（a）Goulielmakis 等人用少周期方案获得的 80as 的孤立阿秒脉冲[71]；

（b）Feng 等人利用 28fs 的多周期脉冲得到的 148as 的孤立阿秒脉冲[72]

1.4.2　阿秒激光脉冲的应用

目前阿秒脉冲已经应用到很多微观科学领域的研究中。

（1）阿秒泵浦探测。原子内部电子的运动尺度都在阿秒量级，两束阿秒脉冲激光中一个作为泵浦光，另外一个作为探测光，从而探测电子的运动。阿秒泵浦探测技术逐渐会发展为超快动力学研究中的有效工具。

（2）电子关联效应的研究。高精确的时域分辨，使得阿秒激光可以用来控制微观电子的动力学过程，探测关联效应。

（3）生物大分子中电子转移的研究。无论在物理、化学还是生物领域中，都存在电子转移这一现象。在生物中最好的体现就是光合作用，电子转移能体现反应效率，但是电子转移的时间尺度一般在飞秒甚至阿秒量级，所以阿秒技术的出现无疑为人们研究电子转移有关过程提供了很大的帮助。

2　理论模型和计算方法

　　强激光与原子分子的相互作用可以通过求解含时薛定谔方程这一途径来研究。一直以来，求解含时薛定谔方程的方法主要有有限差分方法、Close-coupling方法、Floquet方法、最小二乘拟合方法、分裂算符方法。根据不同方法的特点，各种方法都有自己最适用的使用领域，如数值求解偏微分方程可采用有限差分法[73]，不过对计算网格的选取和计算机的内存等要求比较苛刻。Close-coupling方法[74]需要计算大量的矩阵元，并求解耦合微分方程，这绝非易事。最小二乘拟合法[75]每一步都解线性方程组，基数很大。Floquet方法[76]是把含时偏微分方程进行转化，变化为不含时代数方程组，这个过程也是比较浪费机时的，但是精度有很好的保障，不足是只能求解周期性激光场的情况。Feit M D 等人[77]在1982年提出分裂算符方法，该方法为了节省计算时间，提高计算速度，不再求解线性方程，而是采用了矩阵乘法代替，大约会产生时间步长的三次方误差，即$(\Delta t)^3$。本章采用二阶分裂算符法对含时薛定谔方程进行求解。

2.1　激光场形式和原子模型势

2.1.1　激光场形式

　　线偏振单色激光脉冲的形式一般如下：

$$E(t) = E_0 f(t) \sin(\omega t + \varphi) \tag{2.1}$$

式中，ω 为激光场的频率；E_0 为电场强度峰值；$f(t)$ 为激光场的载波包络；φ 为激光脉冲的相位。对于圆偏振激光脉冲，其形式为：

$$E(t) = E_x f(t) \sin(\omega_0 t + \varphi) + \varepsilon E_y f(t) \cos(\omega_0 t + \varphi) \tag{2.2}$$

式中，ε 为椭圆率，当 $\varepsilon = 1$ 时为圆偏振激光脉冲。

　　载波包络的形式有很多种，常用的有高斯型激光包络、$\sin^2$ 型激光包络、梯形激光包络、矩形激光包络等。高斯型激光包络与实验上采用的激光形式最为接近。这一包络可以写为如下形式：

$$f(t) = \exp\left[-4(\ln2)t^2/\tau^2\right] \tag{2.3}$$

式中，τ 为激光脉冲的脉宽，称为半高全宽。

$\sin^2$ 型激光包络为

$$f'(t) = \sin^2\left(\frac{\pi t}{T}\right) \tag{2.4}$$

式中，T 为激光脉冲的持续时间。$\sin^2$ 型的激光脉冲是在高斯脉冲的基础上，令激光脉冲在起始位置为零，这是对高斯包络很好的近似，由于 $\sin^2$ 型包络的周期性，理论模拟时颇为方便，若激光脉冲的持续时间 T 已知，那么就可以得到这个激光的脉宽为 $[1 - 2\sin^{-1}(1/2)^{1/4}/\pi]T$。

2.1.2 原子模型势

1989 年，Eberly 等人[78]在模拟强激光脉冲与物质相互作用时，采用一维模型原子代替三维真实原子，非常成功地对实验结果给出了解释。Rae 等人[79]对采用一维原子势和真实原子势的相关结果进行了比较，发现两者符合得很好。在理论计算中，由于一维模型计算简单，且沿着激光场方向上电子受到的力远大于其他方向，因此在某种程度可以代替计算量巨大的三维真实原子。我们一般采用一维软核库仑势

$$V(a,b,x) = -\frac{a}{\sqrt{x^2 + b}} \tag{2.5}$$

式中，a、b 为软核参数，a 可以对势阱的深度进行调节；b 可以消除势函数在零点处的奇异性。通过选取不同的 a 和 b 可以得到不同原子对应的基态能量。参数 $a = 2$，$b = 0.5$ 时，对应的电离能是 54.4eV，与真实 He^+ 离子的基态能量一致。二维模型原子的软核势形式如下：

$$V(a,b,x,y) = -\frac{a}{\sqrt{x^2 + y^2 + b}}$$

对于一维分子，我们以 H_2^+ 为例，其软核势的形式为：

$$V(x,R) = -\frac{1}{\sqrt{1 + (x + R/2)^2}} - \frac{1}{\sqrt{1 + (x - R/2)^2}} \tag{2.6}$$

式中，R 为核间距。

一维多势阱:

$$V(x,R) = \sum_{n=-N}^{+N} - \frac{a}{\sqrt{b + (x + nR)^2}} \tag{2.7}$$

式中, R 为原子间的距离。

2.2　激光场与原子分子相互作用的含时薛定谔方程

2.2.1　单电子原子的含时薛定谔方程

激光场与单电子原子相互作用的含时薛定谔方程可表示为:

$$i \frac{\partial}{\partial t}\psi(r,t) = H(r,t)\psi(r,t) \tag{2.8}$$

其中,

$$H(r,t) = \frac{1}{2}\left[p + \frac{1}{c}A(r,t) \right]^2 + V(r) + \phi(r,t) \tag{2.9}$$

式中, $H(r, t)$ 为系统的哈密顿量; $p = -i\nabla$ 为动量算符; $V(r)$ 为原子势; $A(r, t)$、$\phi(r, t)$ 分别为入射激光场的矢势和标势。由于

$$\left[p + \frac{1}{c}A(r,t) \right]^2 = \left[p + \frac{1}{c}A(r,t) \right]\left[p + \frac{1}{c}A(r,t) \right]$$

$$= p^2 + \frac{1}{c}p \cdot A(r,t) + \frac{1}{c}A(r,t) \cdot p + \frac{1}{c^2}A^2(r,t) \tag{2.10}$$

采用库仑规范, 即 $\nabla \cdot A = 0$, 并使电磁场的标势 $\phi(r, t) = 0$, 则

$$\nabla \cdot [A(r,t)\psi(r,t)] = A(r,t) \cdot \nabla\psi(r,t) + \psi(r,t)\nabla \cdot A(r,t)$$

$$= A(r,t) \cdot \nabla\psi(r,t)$$

那么, 式 (2.9) 可以写为:

$$H(r,t) = \frac{1}{2}\left[-\nabla^2 - \frac{2i}{c}A(r,t) \cdot \nabla + \frac{1}{c^2}A^2(r,t) \right] + V(r) \tag{2.11}$$

激光场的矢势可以看作是平面波的叠加,

$$A(\omega,r,t) = A_0(\omega)\left[e^{i(k \cdot r - \omega t)} + e^{-i(k \cdot r - \omega t)} \right] \tag{2.12}$$

假定所有平面波的传播矢量 k 方向都一致, 即 $A_0(\omega) = A_0(\omega)\varepsilon$, 其中 ε 为传播方向上的单位矢量, 则激光场矢势为:

$$
\begin{aligned}
\boldsymbol{A}(\boldsymbol{r},t) &= \int_{\Delta\omega} \boldsymbol{A}_0(\omega) \left[\mathrm{e}^{\mathrm{i}(\boldsymbol{k}\cdot\boldsymbol{r}-\omega t)} + \mathrm{e}^{-\mathrm{i}(\boldsymbol{k}\cdot\boldsymbol{r}-\omega t)} \right] \mathrm{d}\omega \\
&= \int_{\Delta\omega} \boldsymbol{A}_0(\omega)\boldsymbol{\varepsilon} \left[\mathrm{e}^{\mathrm{i}(\boldsymbol{k}\cdot\boldsymbol{r}-\omega t)} + \mathrm{e}^{-\mathrm{i}(\boldsymbol{k}\cdot\boldsymbol{r}-\omega t)} \right] \mathrm{d}\omega \\
&= \int_{\Delta\omega} \boldsymbol{A}_0(\omega)\boldsymbol{\varepsilon} \left[\mathrm{e}^{-\mathrm{i}\omega t}(1 + \mathrm{i}\boldsymbol{k}\cdot\boldsymbol{r} - \cdots) + \mathrm{e}^{\mathrm{i}\omega t}(1 - \mathrm{i}\boldsymbol{k}\cdot\boldsymbol{r} + \cdots) \right] \mathrm{d}\omega \quad (2.13)
\end{aligned}
$$

目前常使用的激光脉冲的波长和电子波函数的空间尺度相差甚远，$\boldsymbol{k}\cdot\boldsymbol{r}\ll 1$，因此，可以采用偶极近似。在偶极近似下，激光场的矢势与空间坐标无关，只依赖于时间 t，所以式（2.13）变为：

$$
\boldsymbol{A}(t) = \int_{\Delta\omega} \boldsymbol{A}_0(\omega)(\mathrm{e}^{-\mathrm{i}\omega t} + \mathrm{e}^{\mathrm{i}\omega t})\mathrm{d}\omega \qquad (2.14)
$$

这时式（2.11）变为：

$$
H(\boldsymbol{r},t) = \frac{1}{2}\left[-\nabla^2 - \frac{2\mathrm{i}}{c}\boldsymbol{A}(t)\cdot\nabla + \frac{1}{c^2}\boldsymbol{A}^2(t) \right] + V(\boldsymbol{r}) \qquad (2.15)
$$

在偶极近似下，式（2.8）含时薛定谔方程式变为：

$$
\mathrm{i}\frac{\partial}{\partial t}\psi(\boldsymbol{r},t) = \left[-\frac{1}{2}\nabla^2 - \frac{\mathrm{i}}{c}\boldsymbol{A}(t)\cdot\nabla + \frac{1}{2c^2}\boldsymbol{A}^2(t) + V(\boldsymbol{r}) \right]\psi(\boldsymbol{r},t) \quad (2.16)
$$

引入一个幺正变换以消去 $\boldsymbol{A}^2(t)$：

$$
\psi(\boldsymbol{r},t) = \mathrm{e}^{-\frac{\mathrm{i}}{2c^2}\int \boldsymbol{A}^2(t)\mathrm{d}t}\boldsymbol{\Psi}(\boldsymbol{r},t) \qquad (2.17)
$$

于是式（2.16）变为：

$$
\mathrm{i}\frac{\partial}{\partial t}\boldsymbol{\Psi}(\boldsymbol{r},t) = \left[-\frac{1}{2}\nabla^2 - \frac{\mathrm{i}}{c}\boldsymbol{A}(t)\cdot\nabla + V(\boldsymbol{r}) \right]\boldsymbol{\Psi}(\boldsymbol{r},t) \qquad (2.18)
$$

这就是速度规范下的含时薛定谔方程。

对式（2.16）引入如下一个幺正变换：

$$
\psi(\boldsymbol{r},t) = \mathrm{e}^{-\frac{\mathrm{i}}{c}\boldsymbol{A}\cdot\boldsymbol{r}}\psi_{\mathrm{L}}(\boldsymbol{r},t) \qquad (2.19)
$$

那么式（2.16）变为：

$$
\mathrm{i}\frac{\partial}{\partial t}\psi_{\mathrm{L}}(\boldsymbol{r},t) = \left[-\frac{1}{2}\nabla^2 - \frac{1}{c}\frac{\partial \boldsymbol{A}(t)}{\partial t}\cdot\boldsymbol{r} + V(\boldsymbol{r}) \right]\psi_{\mathrm{L}}(\boldsymbol{r},t) \qquad (2.20)
$$

利用如下关系式：

$$
\boldsymbol{E}(t) = -\frac{1}{c}\frac{\mathrm{d}\boldsymbol{A}(t)}{\mathrm{d}t} \qquad (2.21)
$$

则式（2.20）变为：

$$i \frac{\partial}{\partial t}\psi_{L}(\boldsymbol{r},t) = \left[-\frac{1}{2}\nabla^2 + \boldsymbol{E}(t)\cdot\boldsymbol{r} + V(\boldsymbol{r}) \right] \psi_{L}(\boldsymbol{r},t) \tag{2.22}$$

这就是偶极近似和长度规范下激光与单电子原子相互作用的含时薛定谔方程。

2.2.2 双原子分子的含时薛定谔方程

较分子来说，原子的薛定谔方程相对简单，分子的薛定谔方程中包含了更多的信息，内容更加丰富，因此引起了人们广泛的关注。本书先从简单的双原子分子开始研究。双原子分子的含时薛定谔方程可以表述为：

$$\left(-\frac{1}{2\mu_{n}}\nabla_{n}^2 - \frac{1}{2\mu_{e}}\nabla_{e}^2 + V_{c} + V_{i} \right)\psi = E\psi \tag{2.23}$$

式中，$V_{i} = E(t)\dfrac{aM_{b}-bM_{a}}{M_{a}+M_{b}}R + E(t)\dfrac{(a+b-1)m_{e}}{M_{a}+M_{b}+m_{e}}z$，其中 R 为核间距，m_{e} 为电子的质量，M_{a}、M_{b} 分别为两个核的质量；$\mu_{n}=\dfrac{M_{a}M_{b}}{M_{a}+M_{b}}$，$\mu_{e}=\dfrac{M_{a}+M_{b}}{M_{a}+M_{b}+1}$ 分别为核和电子的约化质量。

在波恩奥本海默近似下，核是固定的，即核间距保持不变，那么核和电子的波函数是完全可分的，那么激光场与分子作用的含时薛定谔方程可以表述为：

$$i\frac{\partial\psi(x,t)}{\partial t} = \hat{H}(x,t)\psi(x,t) = \left[-\frac{1}{2}\frac{\partial^2}{\partial x^2} + V_{c}(x) + xE(t) \right]\psi(x,t) \tag{2.24}$$

式中，软核库仑势 $V_{c}(x) = \dfrac{C_{\alpha}}{\sqrt{(x-R/2)^2+a}} - \dfrac{C_{\beta}}{\sqrt{(x+R/2)^2+a}}$，其中 a 为软核参数。

而在非波恩奥本海默近似下，由于势能项包括核间距和电子坐标，因此在时间传播过程中，核和电子的波函数是耦合的，则激光场与双原子分子作用的含时薛定谔方程可表述为：

$$i\frac{\partial\psi(R,z,t)}{\partial t} = \left[T_{n} + T_{e} + V_{c}(R,z) + V_{i}(R,z,t) \right]\psi(R,z,t) \tag{2.25}$$

式中，R 为核间距；z 为电子坐标；$T_{n}=-\dfrac{1}{2\mu_{n}}\dfrac{\partial^2}{\partial R^2}$，$T_{e}=-\dfrac{1}{2\mu_{e}}\dfrac{\partial^2}{\partial z^2}$ 分别为核和电子的动能算符，其中 μ_{n}、μ_{e} 分别为核和电子的约化质量；$V_{c}(R,z)$ 为原子势；$V_{i}(R,z,t)$ 为激光场与原子分子的相互作用势。

对于对称的双原子分子 H_{2}^{+}，势能和激光场与分子的相互作用势分别表示为：

$$V_c(R,z) = \frac{C_H C_H}{R} - \frac{C_H}{\sqrt{(z - R/2)^2 + 1}} - \frac{C_H}{\sqrt{(z + R/2)^2 + 1}} \qquad (2.26)$$

$$V_i(R,z,t) = \left(1 + \frac{1}{2m_H + 1}\right) zE(t) \qquad (2.27)$$

而对于不对称的双原子分子 HeH^{2+}，由于两个核的质量、核电荷数都不相同，则有：

$$V_c(R,z) = \frac{C_H C_{He}}{R} - \frac{C_H}{\sqrt{(z - z_H)^2 + a}} - \frac{C_{He}}{\sqrt{(z - z_{He})^2 + a}} \qquad (2.28)$$

$$V_i(R,z,t) = \left[\frac{C_{He}m_H - C_H m_{He}}{m_H + m_{He}}R + \left(1 + \frac{C_H + C_{He} - 1}{m_H + m_{He} + 1}\right)z\right]E(t) \qquad (2.29)$$

式中，C_H、C_{He} 分别为 H 和 He 的核电荷数；m_H、m_{He} 分别为 H 和 He 的质量；a 为软核参数。

2.3 虚时演化方法求解初始波函数

在没有外场作用时，定态薛定谔方程没有解析解，所以采用虚时演化法求解体系的本征值和相应的本征函数。在一维情况下，体系的定态薛定谔方程为：

$$\begin{cases} \left(\frac{1}{2}\hat{p}^2 + V(x)\right)\psi(x) = E\psi(x) \\ \psi(x) = 0 \qquad x = \pm\infty \end{cases} \qquad (2.30)$$

虚时演化法的基本思想如下：采用求解含时波函数的方法来求解定态薛定谔方程，第一步，将时间步长 Δt 用 $-i\Delta t$ 代替，给出一个任意的初始波函数；第二步，让时间不断地演化后，直到得出一个稳定的状态，也就是我们所需要的基态。如果得知了基态波函数，那么其他束缚态的波函数也就可以利用这种方法演化出来。

在一维情况下，含时薛定谔方程可以表示为：

$$\begin{cases} \left(\frac{1}{2}\hat{p}^2 + V(x)\right)\psi(x,t) = i\frac{\partial\psi(x,t)}{\partial t} \\ \psi(x,0) = \phi_0 \end{cases} \qquad (2.31)$$

式中，$\frac{1}{2}\hat{p}^2$ 是动能项；$V(x)$ 是势能项；ϕ_0 是任意初始波函数。上式的形式解为：

$$\psi(x,t_0 + \Delta t) = e^{-i\left(\frac{p^2}{2}+V\right)\Delta t}\psi(x,t_0) \tag{2.32}$$

利用分裂算符方法[76]对式（2.32）中的指数算符进行劈裂，并且把 Δt 用 $-i\Delta t$ 来替换，即有：

$$\psi(x,t_0 + \Delta t) = e^{-\frac{p^2}{4}\Delta t}e^{-V\Delta t}e^{-\frac{p^2}{4}\Delta t}\psi(x,t_0) + O(\Delta t)^3 \tag{2.33}$$

从式（2.33）可以看出，从 t_0 时刻到 $t_0+\Delta t$ 时刻的波函数需要通过以下三个步骤。

第一步，t_0 时刻的波函数为 $\psi(x,t_0)$，位于坐标空间，通过快速傅里叶变换（FFT）转换成动量空间的波函数 $\psi(p,t_0)$，并与动量算符 $e^{-\frac{p^2}{4}\Delta t}$ 直接相乘，得到 $\psi_1(p,t_0)$

$$\psi_1(p,t_0) = e^{-\frac{p^2}{4}\Delta t}\psi(p,t_0) \tag{2.34}$$

第二步，利用快速傅里叶逆变换（IFFT）把波函数 $\psi_1(p,t_0)$ 从动量空间转换成坐标空间的波函数 $\psi_1(x,t_0)$，再与 $e^{-V\Delta t}$ 相乘，得到

$$\psi_2(x,t_0) = e^{-V\Delta t}\psi_1(x,t_0) \tag{2.35}$$

第三步，利用 FFT 把 $\psi_2(x,t_0)$ 从坐标空间转换成动量空间中的波函数 $\psi_2(p,t_0)$，与算符 $e^{-\frac{p^2}{4}\Delta t}$ 相乘，得到

$$\psi(p,t_0 + \Delta t) = e^{-\frac{p^2}{4}\Delta t}\psi_2(p,t_0) \tag{2.36}$$

再利用 IFFT 把波函数 $\psi(p,t_0+\Delta t)$ 从动量空间转换成坐标空间的波函数 $\psi(x,t_0+\Delta t)$。由此得到了 $t_0+\Delta t$ 时刻的波函数 $\psi(x,t_0+\Delta t)$。

对以上过程不断进行重复，在经过 m 个时间步 Δt 演化之后，如果使得下式

$$|\psi(x,t_0+m\Delta t) - \psi(x,t_0+(m-1)\Delta t)| \le \varepsilon \quad (\varepsilon \to 0) \tag{2.37}$$

成立，则 $\psi(x,t_0+m\Delta t)$ 就是我们要求的基态波函数。相应的本征能量为：

$$E = \int_{-\infty}^{+\infty}\psi^*(x)\left[-\frac{1}{2}\frac{d^2}{dx^2} + V(x)\right]\psi(x)dx \tag{2.38}$$

虚时演化法求解基态波函数的原理如下。

设定态薛定谔方程（2.30）的本征值以及本征函数为：

$$\begin{cases}E_0 < E_1 < E_2 < \cdots < E_n \\ \varphi_0,\varphi_1,\varphi_2,\cdots,\varphi_n\end{cases} \tag{2.39}$$

把任一波函数 ϕ_0 按定态薛定谔方程的本征函数作展开

$$\phi_0 = \sum_n c_n \varphi_n \tag{2.40}$$

因为 H 中不含时间，故含时薛定谔方程（2.31）的解可以写为：

$$\psi(x, t_0 + \Delta t) = e^{-iH\Delta t}\psi(x, t_0) \tag{2.41}$$

令 $\Delta t = -i\Delta t$，则式（2.41）变为：

$$\psi(x, t_0 + \Delta t) = e^{-H\Delta t}\psi(x, t_0) \tag{2.42}$$

任意一个初始波函数 ϕ_0 经过 m 个 Δt 时间演化之后的波函数为 $\psi(x, t)$，即

$$
\begin{aligned}
\psi(x,t) &= \overbrace{e^{-H\Delta t} \cdots e^{-H\Delta t}}^{m}\phi_0 \\
&= \overbrace{e^{-H\Delta t} \cdots e^{-H\Delta t}}^{m-1} e^{-H\Delta t} \sum_n c_n\varphi_n \\
&= \overbrace{e^{-H\Delta t} \cdots e^{-H\Delta t}}^{m-1} \sum_n c_n e^{-E_n\Delta t}\varphi_n \\
&= \overbrace{e^{-H\Delta t} \cdots e^{-H\Delta t}}^{m-1} e^{-E_0\Delta t} \sum_n c_n e^{(E_0-E_n)\Delta t}\varphi_n
\end{aligned}
\tag{2.43}
$$

为了消除 $e^{-E_0\Delta t}$ 的影响，每走一个时间步需做一次归一化。

$$
\begin{aligned}
\psi(x,t) &= \overbrace{e^{-H\Delta t} \cdots e^{-H\Delta t}}^{m-2} e^{-H\Delta t} \sum_n c_n e^{(E_0-E_n)\Delta t}\varphi_n \\
&= \overbrace{e^{-H\Delta t} \cdots e^{-H\Delta t}}^{m-2} \sum_n c_n e^{(E_0-2E_n)\Delta t}\varphi_n \\
&= \overbrace{e^{-H\Delta t} \cdots e^{-H\Delta t}}^{m-2} e^{-E_0\Delta t} \sum_n c_n e^{(E_0-E_n)2\Delta t}\varphi_n \\
&\qquad\qquad\qquad \vdots
\end{aligned}
$$

$$
\begin{aligned}
\psi(x,t) &= \sum_n c_n e^{(E_0-E_n)m\Delta t}\varphi_n \\
&= c_0\varphi_0 + c_1 e^{(E_0-E_1)m\Delta t}\varphi_1 + \cdots + c_n e^{(E_0-E_n)m\Delta t}\varphi_n
\end{aligned}
\tag{2.44}
$$

因为 $E_0 < E_1 < E_2 < \cdots < E_n$，所以 $E_0 - E_1 < 0$，$E_0 - E_2 < 0$，$\cdots$，$E_0 - E_n < 0$，当 $m \to \infty$ 时 $e^{(E_0-E_1)m\Delta t}$，$e^{(E_0-E_2)m\Delta t}$，$\cdots$，$e^{(E_0-E_n)m\Delta t}$ 都近似等于 0，因此，$\psi(x, t) = c_0\varphi_0$，归一化后即可得到基态波函数 φ_0。

接下来给出激发态的求解过程：

$$\phi_0 = c_0\varphi_0 + c_1\varphi_1 + \cdots + c_n\varphi_n \tag{2.45}$$

式中，ϕ_0 为试探波函数；φ_0 为基态波函数。将上式两边左乘 φ_0^* 得到 $c_0 =$

$\int \varphi_0^* \phi_0 \mathrm{d}x$。令 $\phi_0' = \phi_0 - c_0\varphi_0$，并且把 ϕ_0' 作为初始波函数，经过时间演化，第一激发态 φ_1 可得。如果出现 φ_0、φ_1、φ_2 彼此不正交的情况，就需要通过 Schmidt 正交化公式令它们彼此正交：

$$\begin{cases} \Phi_0 = \varphi_0 \\ \Phi_1 = \varphi_1 - \dfrac{(\varphi_1, \Phi_0)}{(\Phi_0, \Phi_0)}\Phi_0 \\ \Phi_2 = \varphi_2 - \dfrac{(\varphi_2, \Phi_0)}{(\Phi_0, \Phi_0)}\Phi_0 - \dfrac{(\varphi_2, \Phi_1)}{(\Phi_1, \Phi_1)}\Phi_1 \end{cases} \tag{2.46}$$

这样就得到了正交的 Φ_0、Φ_1、Φ_2。以此类推，可求出其他激发态波函数。

2.4　分裂算符方法求解含时薛定谔方程

在单电子原子情况下含时薛定谔方程为如下形式：

$$\mathrm{i}\frac{\partial}{\partial t}\psi(x, t) = \left(\frac{1}{2}\hat{p}^2 + V\right)\psi(x, t) \tag{2.47}$$

式中，$\dfrac{1}{2}\hat{p}^2$ 为动能项；$V = V(x) - xE(t)$ 为势能项，由原子势和激光与原子之间的相互作用势组成，即 $V(x)$ 和 $-xE(t)$。上式的形式解为：

$$\psi(x, t_0 + \Delta t) = \mathrm{e}^{-\mathrm{i}\left(\frac{p^2}{2} + V\right)\Delta t}\psi(x, t_0) \tag{2.48}$$

利用分裂算符方法对上式中的指数算符进行劈裂，则上式变为：

$$\psi(x, t_0 + \Delta t) = \mathrm{e}^{-\mathrm{i}\frac{p^2}{4}\Delta t}\mathrm{e}^{-\mathrm{i}V\Delta t}\mathrm{e}^{-\mathrm{i}\frac{p^2}{4}\Delta t}\psi(x, t_0) + O(\Delta t)^3 \tag{2.49}$$

所以，从上式分析可得，只要 t_0 时刻的初始波函数 $\psi_0(x, t_0)$ 已知，就可以通过与虚时演化方法类似的三个步骤得到 $t_0 + \Delta t$ 时刻的波函数 $\psi(x, t_0 + \Delta t)$。

在计算中，为了防止波函数在空间边界发生反射，通常在边界附近使用吸收函数来消除其影响，所采用的吸收函数的形式有：

$$\mathrm{mask}(x) = \begin{cases} \cos^{\frac{1}{8}}\left[\dfrac{\pi|x + x_1|}{2\left(-\dfrac{l}{2} + x_1\right)}\right] & x \leqslant -x_1 \\ 1 & -x_1 < x < x_1 \\ \cos^{\frac{1}{8}}\left[\dfrac{\pi|x - x_1|}{2\left(\dfrac{l}{2} - x_1\right)}\right] & x \geqslant x_1 \end{cases} \tag{2.50}$$

或
$$h(x) = [1 + \exp(1.25x - 90)]^{-1} \qquad (2.51)$$

诱导偶极矩阵元可以写成长度和加速度两种形式，分别如下：

$$d(t) = \langle \psi(x,t) | x | \psi(x,t) \rangle \qquad (2.52)$$

$$a(t) = \frac{\mathrm{d}^2}{\mathrm{d}t^2} \langle \psi(x,t) | x | \psi(x,t) \rangle \qquad (2.53)$$

$$= \langle \psi(x,t) \left| -\frac{\mathrm{d}V(x)}{\mathrm{d}x} + E(t) \right| \psi(x,t) \rangle$$

同样高次谐波功率谱也存在长度和加速度两种形式，分别表示为：

$$P_1(\omega) = \left| \frac{1}{T - t_0} \int_{t_0}^{T} d(t) \mathrm{e}^{-\mathrm{i}\omega t} \mathrm{d}t \right|^2 \qquad (2.54)$$

$$P_a(\omega) = \left| \frac{1}{T - t_0} \int_{t_0}^{T} a(t) \mathrm{e}^{-\mathrm{i}\omega t} \mathrm{d}t \right|^2 \qquad (2.55)$$

计算出高次谐波功率谱后，还需分析电子的电离时刻从而解释高次谐波的发射机制，因此还需计算原子的电离概率，其中处于束缚态的电子的布居概率为：

$$P_{\mathrm{bound}} = |\langle \varphi_n(x) | \psi(x,t) \rangle|^2 \qquad (2.56)$$

电子的电离概率为：

$$P_{\mathrm{ion}} = 1 - \sum_{\mathrm{bound}} |\langle \varphi_n(x) | \psi(x,t) \rangle|^2 \qquad (2.57)$$

通过截取一些阶次的谐波进行叠加可以得到阿秒脉冲，其强度公式可以表述为：

$$I(t) = \left| \sum_q a_q \mathrm{e}^{\mathrm{i}q\omega t} \right|^2 \qquad (2.58)$$

式中，q 为谐波阶次数；$a_q = \int a(t) \mathrm{e}^{-\mathrm{i}q\omega t} \mathrm{d}t$。

2.5 小波变换方法

高次谐波产生的物理机制研究需要用时域和频域共同分析，传统的方法是建立在 Fourier 分析基础之上的，但其不具备完全的分析能力，所以在实际中，小波变换方法的出现为我们的计算提供了很大的便利。小波分析无论是在信号处理、图像处理、地质勘探还是计算机等领域都有着很好的应用。

在 Fourier 分析中，如果一个信号 $f(t)$ 在 $(-\infty, \infty)$ 满足如下两个条件：(1) $f(t)$ 在任意有限区间上满足狄氏条件；(2) $f(t)$ 在 $(-\infty, \infty)$ 上绝对可

积，就可以通过 Fourier 变换将时域函数 $f(t)$ 转换到频域上，即

$$f(\omega) = \int_{-\infty}^{\infty} f(t) e^{-i\omega t} dt \qquad (2.59)$$

从上式可以看出，Fourier 变换只能进行单一分析，无法进行时域-频域同时分析。1946 年，Gabor 提出加窗的短时 Fourier 变换，即 Gabor 变换，它的处理方法是在 Fourier 变换中，取时间函数 $g(t)$ 作为窗数，对信号 $f(t)$ 使用一个滑动窗 $g(t-\tau)$（τ 是移位因子，反映滑动窗的位置），即

$$G(\omega,\tau) = \int_{-\infty}^{+\infty} f(t) g(t-\tau) e^{-i\omega t} dt \qquad (2.60)$$

其中 $g(t) = \pi^{-1/4} e^{-t^2/2}$ 是高斯函数。Gabor 变换具有反演公式：

$$f(t) = \frac{1}{2\pi} \int_{-\infty}^{+\infty} d\omega \int_{-\infty}^{+\infty} e^{i\omega t} g(t-\tau) G(\omega,\tau) d\tau \qquad (2.61)$$

窗函数 $g(t-\tau)$ 确定了进行局域分析的时间点和时间范围，通过在时间轴上滑动这个窗口就能对每一时刻附近的频率变化情况进行统计。但 Gabor 变换也有一些局限性为了克服其局限性，人们后来又发展了 Morlet 小波变换。

1984 年，Morlet 提出了小波变换的概念，其满足了高低频信号对时间分辨率和频率分辨率的不同要求。因此，它是对信号进行时域-频域分析的一种理想工具。

Morlet 小波的时域、频域关系如下：

时域关系：$\phi(t) = e^{-t^2/2} e^{i\omega_0 t}$，$\omega_0 \geqslant 5$；频域关系：$\psi(\omega) = \sqrt{2\pi} e^{-(\omega-\omega_0)^2/2}$。

图 2.1（a）和（b）（取 $\omega_0 = 6$）给出了 Morlet 小波变换的时域和频域波形图。

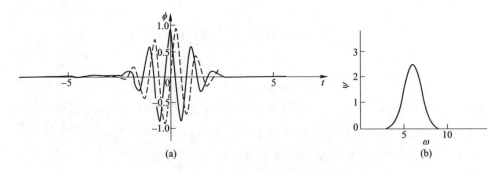

图 2.1　Morlet 小波变换的波形图[80]

（a）时域波形图（实线和虚线分别代表实部和虚部）；（b）频域波形图

谐波谱的时频特性表示如下[81-82]：

$$A(t_0, \omega) = \int_{-\infty}^{+\infty} f(t) w_{t_0, \omega}(t) \, \mathrm{d}t \tag{2.62}$$

式中，$w_{t_0, \omega}(t)$ 是小波变换核，可以表示为：

$$w_{t_0, \omega}(t) = \sqrt{\omega} \, W[\omega(t - t_0)] \tag{2.63}$$

式中，$W(x) = (1/\sqrt{\tau}) \, \mathrm{e}^{\mathrm{i}x} \mathrm{e}^{-x^2/2\tau^2}$ 是 Morlet 小波。

3 圆偏振激光脉冲和太赫兹组合场与 H_2^+ 作用下高次谐波的产生

3.1 引　言

阿秒科学可以描述和跟踪原子和分子内部电子的超快动力学过程[4]。目前在实验上，高次谐波是产生阿秒脉冲的首选途径。高次谐波一般具有以下特征：在低阶次谐波强度迅速下降，然后呈现出一个平台，在平台区谐波的强度保持不变或者缓缓下降，最后在某一阶次谐波强度忽然急速下降。根据半经典三步模型[33,83-84]，首先，来自核的库仑势在激光的作用下慢慢发生畸变，势的一边将被压低，这样电子就将有机会隧穿过该势垒从而电离。然后，电子被电离出去后可以视为自由电子，不再受库仑势的作用，在外场中自由运动。电子在激光场作用下加速，而由于激光场做周期振荡，不同时刻电离的电子运动轨迹不同，其中一些电子会越跑越远，而当激光场反向时，一部分电子就将有可能返回到母离子附近。最后，电子与母核复合，同时将在激光场中获得的多余能量以光子的形式辐射出来。这个过程成功解释了高次谐波的产生。目前，已经有大量的方案用来产生孤立的阿秒脉冲，如偏振门方案[85]、双色场[86]、非均匀场[87]等。

由于太赫兹场有着潜在应用价值并在实验上可以实现，所以得到了广泛的研究[88]。Yuan[68]通过对椭圆偏振激光脉冲附加一个太赫兹场来产生圆偏振的阿秒脉冲，最后得到了一个114as的孤立阿秒脉冲。Hong[89-90]对线偏振激光脉冲附加太赫兹场和附加静电场的区别进行了比较分析。人们还研究了传播效应对800nm激光脉冲附加一个太赫兹场下高次谐波的影响[58]。值得一提的是，当在两个垂直偏振的双色场上附加一个静电场，可以使谐波平台区得到展宽[91]，但是，如此强的静电场在实验室是比较难实现的，而在实验上[92]，太赫兹场的强度已经可以达到 kV/cm 甚至是 MV/cm。因此利用太赫兹场来替代静电场是一个很好的选择。

圆偏振激光脉冲下高次谐波的产生也是大家一直关注的课题。一般来说，圆偏振激光脉冲与原子或分子相互作用时，电子电离后在圆偏振激光场的作用下，将远离母核，不再和母核复合，故无法产生高次谐波或者高次谐波的产生效率非常低。那么，如何让圆偏振激光与原子分子相互作用时能够产生高次谐波并提高其效率就成了亟需解决的问题。关于圆偏振激光脉冲下电子回复及高次谐波的产生在以前人们已经进行了研究[93-94]。本章将通过圆偏振激光脉冲附加太赫兹场方案来解决这一问题，下面就对此过程中高次谐波产生的物理机制进行研究。

3.2　理论模型

本章在波恩奥本海默近似下（固定核近似）研究圆偏振激光脉冲和太赫兹组合场和 H_2^+ 相互作用过程。因为激光场有 x、y 两个分量，故需求解二维或者更高维数的含时薛定谔方程。本章在长度规范和偶极近似下通过二阶分裂算符法[77]求解二维含时薛定谔方程，其形式如下：

$$i\frac{\partial \Psi(x,y,t)}{\partial t} = \left[\frac{p_x^2 + p_y^2}{2} + V(x,y) + xE_x(t) + yE_y(t)\right]\Psi(x,y,t) \quad (3.1)$$

其中，势能为软核库仑势：

$$V(x,y) = -\frac{1}{\sqrt{(x-R/2)^2 + y^2 + a^2}} - \frac{1}{\sqrt{(x+R/2)^2 + y^2 + a^2}} \quad (3.2)$$

式中，软核参数 a 选取为 $\frac{1}{\sqrt{2}}$；R 为 H_2^+ 的核间距，这里平衡核间距 $R = 2.6\,a.u.$，对应的基态能量为 30.3eV，即氢分子离子的基态能量[95]；$E_x(t)$ 和 $E_y(t)$ 分别为组合激光在 x 和 y 方向的分量。我们使用分裂算符法数值求解方程（3.1）得含时波函数，然后代入式（2.54）~式（2.58）可求得高次谐波发射谱及阿秒脉冲包络形状。其中初态波函数通过虚时演化法求得。

3.3　初速度不为零的三步模型

半经典三步模型是我们所熟知且广泛使用的模型，并且可以对高次谐波的产生过程给出清晰的物理图像。但是在二维圆偏振激光脉冲作用下的三步模型就必须要进行修正才可以适用。在原来的假设中，电子的初速度设为零，而我们知道，电子电离时具有一个横向速度分量[96-98]，这使得电子有机会被拉回母核并与母核复合，所以为了使经典的三步模型适用于圆偏振激光脉冲下高次谐波的产生，这个初始的横向速度必须被加入。初始速度的大小取决于电子电离的时刻，可以通过经典的牛顿方程求出。初始时刻电子依然处于原点，首先给出电子的轨迹，即加速度的二次积分：

$$x(t) = \int_{t_0}^{t} \left(\int_{t_0}^{t'} E_x(t'') \, dt'' + v_{x0} \right) dt' \tag{3.3}$$

$$y(t) = \int_{t_0}^{t} \left(\int_{t_0}^{t'} E_y(t'') \, dt'' + v_{y0} \right) dt' \tag{3.4}$$

式中，t_0 为电子电离时刻。x 和 y 方向的初始速度可以写成：

$$v_{x0} = v_{\parallel} \cos(\alpha_0) + v_{\perp} \sin(\alpha_0) \tag{3.5}$$

$$v_{y0} = - v_{\parallel} \sin(\alpha_0) + v_{\perp} \cos(\alpha_0) \tag{3.6}$$

式中，$v_{\parallel}$ 和 $v_{\perp}$ 分别为平行偏振方向和垂直偏振方向速度分量；$\alpha_0 = E_y(t_0)/E_x(t_0)$ 为偏振方向与 x 轴所成的夹角。电子大多以遂穿电离的方式电离，平行于偏振方向的初速度可认为是零，即 $v_{\parallel} = 0$。而且，电子与母核复合，那么 $x(t) = 0$，$y(t) = 0$，把式（3.5）、式（3.6）代入式（3.3）、式（3.4），并整理得：

$$\begin{cases} \int_{t_0}^{t} \left(\int_{t_0}^{t'} E_x(t'') \, dt'' + v_{\perp} \sin(\alpha_0) \right) dt' = 0 \\ \int_{t_0}^{t} \left(\int_{t_0}^{t'} E_y(t'') \, dt'' + v_{\perp} \cos(\alpha_0) \right) dt' = 0 \end{cases} \tag{3.7}$$

求解式（3.7），就可以得出电离时刻对应的初始横向速度 $v_{\perp}$ 及回复时刻 t，再将其代回式（3.3）和式（3.4），那么就可以得出电子的轨迹、速度，以及外场获得的动能。

3.4   圆偏振激光和太赫兹组合场方案下 H_2^+ 高次谐波和阿秒脉冲的产生

本章中，组合激光脉冲的形式如下所示：

$$\begin{cases} E_x(t) = E_{x0} f(t) \cos(\omega_0 t + \varphi) \\ E_y(t) = E_{y0} f(t) \sin(\omega_0 t + \varphi) + E_{THz}(t) \end{cases} \tag{3.8}$$

式中，太赫兹场的形式为 $E_{THz}(t) = E_{THz} f(t) \sin(\omega_{THz} t)$，$f(t) = \sin^2\left(\dfrac{\pi t}{nT}\right)$ 为入射激

光脉冲包络，$n = 6$，T 为波长 800nm 的激光的光学周期；$\omega_0 = 0.057$a. u. 为 800nm 的激光频率；E_{x0} 和 E_{y0} 分别为激光场在 x 和 y 方向的峰值强度；$\omega_{THz} = 31.25$THz，对应波长 $\lambda = 9600$nm 的激光脉冲；φ 为相对相位。选取圆偏振激光脉冲的光强为 $I_{x0} = I_{y0} = 5 \times 10^{14}$W/cm^2($E_{x0} = E_{y0} = 0.1194$a. u.)，相位 $\varphi = -0.1\pi$。计算中选取的空间长度为 409.6 a. u.，为了防止电子波包传到边界而发生反射，在每一次时间演化后，加入一个面具函数，在 $|x| = 150 \sim 204.8$a. u. 范围内从 1 降到 0。

　　从图 3.1（a）可以看到，圆激光脉冲在 x 和 y 方向是一模一样的。当在 y 方向附加一个太赫兹场后，如图 3.1（b）所示，x 方向没有任何变化，而 y 方向的激光场中间峰值的正方向强度被加强。因此，为研究太赫兹场的加入对谐波发射的影响，首先在圆偏振激光脉冲的 y 方向附加一个强度较弱的太赫兹场 $E_{THz} = 0.025$a. u.，图 3.2 给出了圆偏振激光脉冲以及圆偏振激光脉冲附加太赫兹场下的高次谐波产生。我们发现，当只有圆偏振激光脉冲时，谐波的截止位置大约为 92eV，这个和其他文献中所得到的结论是一致的[99]，遵循圆偏振激光脉冲下的截止规律 $I_p + 2U_p$。但是谐波谱非常不明显，且布满调制结构，因为在圆偏振激光脉冲作用下，电子会沿着激光场切线方向运动，因此大部分根本无法回到母核。

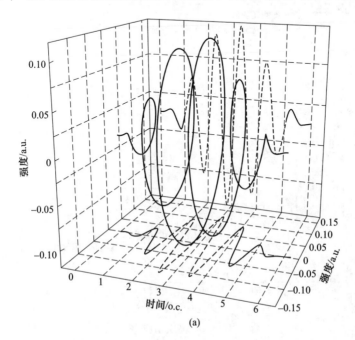

(a)

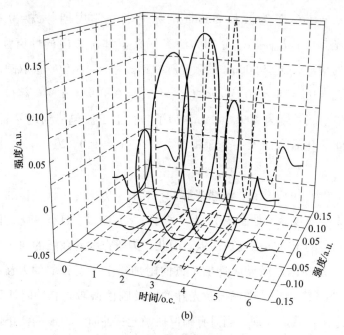

(b)

图 3.1　激光场图像

（a）圆偏振激光脉冲；（b）圆偏振激光脉冲在 y 方向附加电场强度为 0.025a.u. 的太赫兹场

（虚线和点线分别表示在 x 和 y 方向的激光场，实线为组合场）

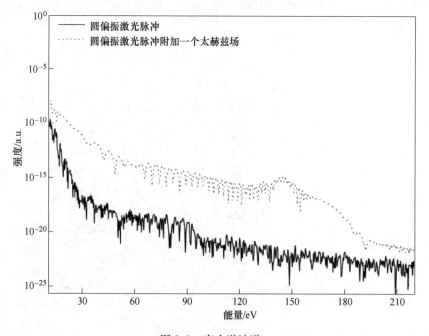

图 3.2　高次谐波谱

但当在圆偏振激光脉冲的 y 方向加入一个强度较弱的太赫兹场时，可得到一带宽大约为89eV 的连续谐波谱，谐波的截止位置大约为152eV，但是谐波平台上布满调制，说明产生这段谐波对应的量子轨道间有较强的干涉。从图中还可以看出，相比圆偏振激光脉冲下产生的谐波，加入太赫兹场之后，谐波的强度提高了4~6 个量级，平台区延展到150 阶次，说明谐波的效率大大提高，这意味着有大量的电子与母核复合。

为研究太赫兹场的强度对高次谐波发射的影响，接下来分别给出 $E_{THz}=$ 0.03a.u.，0.035a.u.，0.04a.u.，0.06a.u. 时的高次谐波发射谱，如图 3.3 所示。首先从图 3.3（a）可以看出，太赫兹场的强度被提高到 0.03a.u.，谐波的截止扩展到202eV，带宽大约为130eV(72~202eV)，而且谐波变得平滑，调制结构较少。当谐波强度提高到 0.035a.u. 时（图 3.3（b）），得到了一个带宽为200eV(92~235eV) 的超连续谱，平台区非常平滑，几乎没有调制，谐波的截止位置扩展到了 235eV。继续提高太赫兹场的强度，当达到 0.04a.u. 时（图

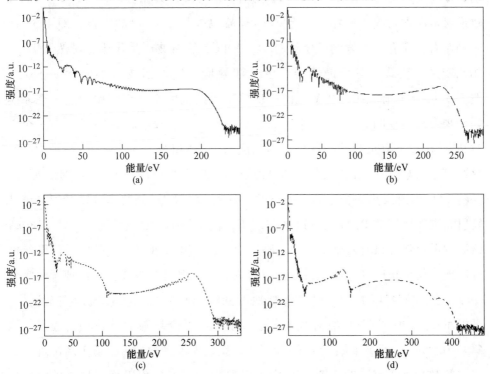

图 3.3 太赫兹场选取不同场强下的高次谐波发射波谱

（a）$E_{THz}=0.03$a.u.；（b）$E_{THz}=0.035$a.u.；（c）$E_{THz}=0.04$a.u.；（d）$E_{THz}=0.06$a.u.

3.3（c）），可以看到谐波呈现出了双平台结构，第二个平台的平台区比较平滑，即从 119~265eV（带宽为 146eV）内的谐波谱是平滑的，但靠近截止区具有一定的调制。当把太赫兹场的强度提高到 0.06a. u. 时（图 3.3（d）），谐波的截止位置已经扩展到了 369eV，谐波依然是双平台结构，但是第二个平台从 144~369eV 是超连续且没有任何调制的。说明产生这段高次谐波的量子轨道之间干涉非常小，这对产生孤立阿秒脉冲非常有利。综上所述，太赫兹场强度在一定范围内时，通过在 y 方向增加一个太赫兹场都可得到高次谐波谱。而且随着太赫兹场的强度的提高，高次谐波的截止将被明显地扩展。

在图 3.4 中，给出了圆偏振激光脉冲附加不同强度的太赫兹场时，高次谐波发射的时频分析图像。图 3.4（a）~（f）分别对应 E_{THz} = 0.03a. u.，0.035a. u.，0.04a. u.，0.045a. u.，0.05a. u.，0.055a. u. 。这六幅图像有一个共同点，就是在谐波的高阶次范围内，只有一个峰对谐波发射产生贡献，分别标记为 P_1、P_2、P_3、P_4、P_5、P_6。从图 3.4（a）开始分析，发现 P_1 峰的长轨道对谐波发射起主要作用。但除了 P_1 峰以外，在 P_1 峰的上方，即 4.5o. c. 时刻左右，还有一个峰的短轨道对 160eV 以下的谐波产生作用，虽然与 P_1 峰相比较强度较低，但是仍然会产生干涉效应，使得谐波有小的调制。这与图 3.3（a）中谐波在 160eV 之前呈现单平台结构但有一点点调制这一现象是完全吻合的。在图 3.4（b）中，除了 P_2 峰以外，4.5o. c. 左右只存在一个仅对 90 阶次以下有贡献的能量峰，其强度与 P_2 峰相当。而对于 P_2 峰来说，只存在一个长轨道对谐波发射产生贡献。正如图 3.3（a）中所看到的那样，90eV 以后的谐波是完全连续且平滑的。从图 3.4（c）开始，可以看到对谐波发射起主要作用的 P_3 峰长轨道被抑制了，慢慢地消失，这将导致 110~180eV 谐波的平台强度将有一个明显的塌陷，而且在 190~290eV，短轨道已经开始慢慢出现，长短轨道的干涉变强，这与谐波谱所呈现出的在截止区出现调制完全一致。在图 3.4（d）中，可以清晰地看到在 200eV 之前长短轨道完全消失。可想而知，120~200eV 的谐波强度会极低。而继续增强太赫兹场的强度，当 E_{THz} = 0.05a. u. 时，如图 3.4（e）所示，我们发现谐波的短轨道重新出现，对谐波发射产生贡献。图 3.4（f）中可以看到，在 170eV 以后，只有短轨道对谐波发射起作用，长轨道已经完全消失。

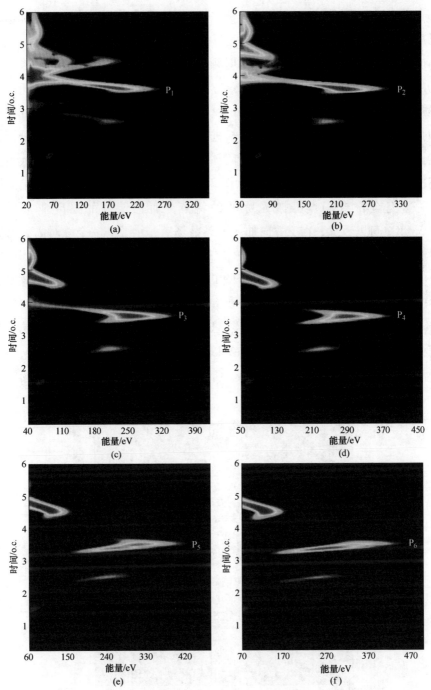

图 3.4 太赫兹场选取不同场强时高次谐发射波谱的时频分析图像

（a） E_{THz} = 0.03a. u. ；（b） E_{THz} = 0.035a. u. ；（c） E_{THz} = 0.04a. u. ；（d） E_{THz} = 0.045a. u. ；

（e） E_{THz} = 0.05a. u. ；（f） E_{THz} = 0.055a. u.

　　下面以 $E_{THz}=0.06$ a.u. 的情况为例，研究圆偏振激光脉冲和在其中加入太赫兹场后，高次谐波产生的物理机制。

　　应用小波变换方法计算了谐波的时频分析图像，如图 3.5 所示。在没有任何外场加入时，圆偏振激光脉冲下 x 和 y 方向的高次谐波发射谱的时频分析图像应该是类似的，但当在圆偏振激光脉冲的 y 方向增加了太赫兹场，y 方向的强度将被加强，所以重点对 y 方向的时频分析进行研究。图 3.5（a）和（b）分别代表圆偏振激光脉冲下和圆偏振激光脉冲附加一个强度为 $E_{THz}=0.06$ a.u. 的太赫兹场下高次谐波发射的时频分析图像。从图 3.5（a）可以看出，光子明显呈周期性发射，这完全符合圆偏振激光脉冲的特点，而且谐波的强度非常低。从图 3.5（b）可以看出，在 y 方向加入太赫兹场后，主要有三个峰对高次谐波的发射产生贡献，分别标为 P_1、P_2 和 P_3。很明显，P_3 的强度相对于 P_1 和 P_2 来说非常的弱，而 P_1 和 P_2 强度相当，因此 P_3 峰对谐波所产生的贡献可以忽略。从图中还可以看到，每个峰都包含两个轨道，正的上升沿对应的是短轨道，负的下降沿对应的是长轨道。对于 P_2 峰来说，只有一个短轨道对谐波产生贡献，发射时间为 3.2o.c. 左右。P_1 峰只对 144eV 以下的谐波产生贡献，而在 144eV 以上只有 P_2 峰的短轨道对谐波发射产生贡献，所以从 144~369eV 的谐波是超连续的，对

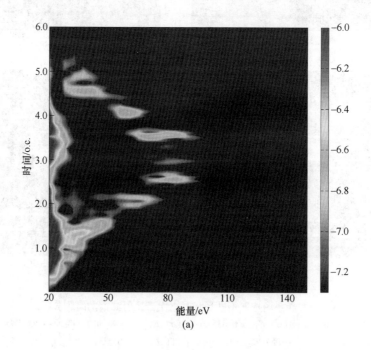

(a)

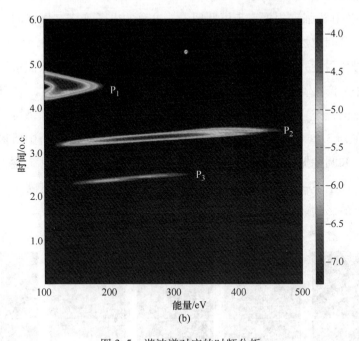

图 3.5 谐波谱对应的时频分析

（a）圆偏振激光脉冲；（b）圆偏振激光脉冲附加一个 $E_{THz}=0.06$a. u. 的太赫兹场

应的谱宽为 225eV，这和图 3.3（d）的结果完全一致。此外，从图 3.5 也可以看出，相比于只有圆偏振激光脉冲的情况，当加入太赫兹场后高次谐波的强度大大提高，这也与上述分析得出的结论相同。

为了真正了解在圆偏振激光脉冲 y 方向加入太赫兹场后，电子的运动发生了什么变化，并清晰地给出这一过程的物理图像，我们研究了随时间演化的电子波包的概率分布，这能最直观地反映出电子的运动，如图 3.6 所示。其中图 3.6（a_1）~（a_{10}）对应圆偏振激光脉冲的情况，图 3.6（b_1）~（b_{10}）对应圆偏振激光附加一个 $E_{THz}=0.06$a. u. 的太赫兹场的情况。从图 3.6（a_1）~（a_{10}）可以看出，电子沿顺时针方向向外扩散，然后随着时间演化，电子密度流沿逆时针转动并远离母核。图 3.6（a_1）~（a_{10}）显示，从 2.1o. c. 左右，电子开始电离，随着时间演化，在圆偏振激光脉冲的作用下，电子以一定的半径向外运动，逐渐远离母核，并几乎很难回到母核附近。当加入太赫兹场时，则出现完全不一样的现象，如图 3.6（b_1）~（b_{10}）所示，电子大约也在 2.3o. c. 开始电离，但可以清楚地看到，电离的电子比圆偏振激光脉冲情况下多，在计算中，选取的激光强度未达到 H_2^+ 的饱和光强，根据三步模型理论，电离的电子变多，谐波的效率将有所提高。随着时间增加，电子在外场中运动，在 $t=3.2o.c.$（图 3.6（b_5））,大量电子回到母核附近并与母核复合，而且将在激光场中获得的多余能量以光子的形式辐射出来，产生高次谐波。在 $t=4.5o.c.$（图 3.6（b_{10}））时，又有大量的电子回复并放出光子。这两次回复过程通过电子波包概率分布图像都可以清晰地看到，而且在 $t=3.2o.c.$ 和 $t=4.5o.c.$ 有谐波发射，这和时频分析中所得到的结论完全一致。和圆偏振激光脉冲的情况对比，当在 y 方向加一个太赫兹场后，在 y 方向对电子产生了一个外力作用，将电子拉回到原子核附近。这就是太赫兹场加入后所产生的影响。

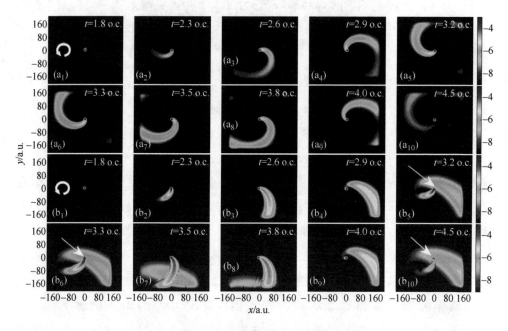

图 3.6　电子波包的概率分布随时间演化图像

（a_1）~（a_{10}）圆偏振激光脉冲；（b_1）~（b_{10}）圆偏振激光附加一个 $E_{THz}=0.06a.u.$ 的太赫兹场

综上所述，对于谐波强度的提高，主要有两个方面原因，第一，当在 y 方向加入太赫兹场后，产生了一个横向分量，使大量的电子被拉回到原子核附近；第二，太赫兹场加入后，电离概率增加。但是只有电子与母核复合才会产生高次谐波，所以，太赫兹场的加入产生了把电子拉回母核的横向分量是谐波效率增强的主要原因，在电子可以与母核复合的基础上，电子电离概率增加也是谐波增强的一个原因。

这时，回头考虑图 3.4 中出现的现象。当太赫兹场强度较低时，对谐波发射产生贡献的是量子峰的长轨道，而当太赫兹场的强度变大，对谐波发射产生贡献的却是短轨道。从图 3.6 我们看到，在 y 方向上加入太赫兹场，相当于在 y 方向上多了一个横向分量，使得电子被拉回母核，而这个分量的强弱就决定了电子在外场中运动的时间。当太赫兹场强度较小时，电子受到的被拉回的力较小，所以需要较长的时间才能被拉回母核，即电子在外场中运动的时间较长，回复较晚，那么就对应着谐波的量子峰的长轨道，为了验证这一想法，我们给出了长轨道起主要作用的 $E_{THz} = 0.035$ a.u. 情况下随时间演化的电子波包的概率分布图像，如图 3.7 所示，从图中就可以清晰地看到，电子第一次与母核复合是在 $t = 3.5$ o.c. 时刻（与时频分析图 3.4（b）中 P_2 的长轨道发射的时间完全对应），相比于太赫兹强度为 $E_{THz} = 0.06$ a.u. 时，电子复合的时刻要晚得多；同理，第二次电子复合的时刻依然要延后很多。而当太赫兹场强度变大时，电子在这较强的力下很快被拉回，在外场中运动的时间很短，所以对应于谐波的短轨道。这就是在图 3.4 中看到的，随着太赫兹场强度的变化，对谐波产生贡献的轨道会发生变化的原因。

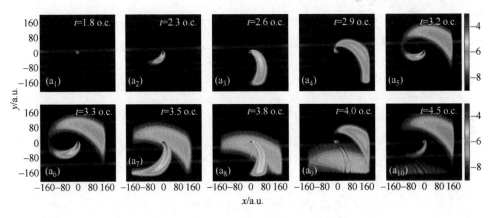

图 3.7 圆偏振激光脉冲附加一个 $E_{THz} = 0.035$ a.u. 的太赫兹场的情况下电子波包的概率分布随时间演化图像

接着仍以加入强度为 $E_{THz} = 0.06$ a.u. 的太赫兹场为研究对象，给出了一些电子的轨迹，来研究这些可以回复的电子在外场中的运动过程。图 3.8（a）

和（b）分别代表圆偏振激光脉冲下和圆偏振激光脉冲附加一个强度为 E_{THz} = 0.06a. u. 的太赫兹场下的电子轨迹。具体选取的是 2.4～3.0o. c. 之间电离的电子，因为从图 3.6（b₅）可以看出，这些电子将在 3.2o. c. 与母核复合。当然也可以选择 3.5～4.0o. c. 电离的电子，这些电子将在 4.5o. c. 与母核复合。首先从图 3.8（a）可以看到，由于电子的初始速度是不为零的，存在一个横向初速度，

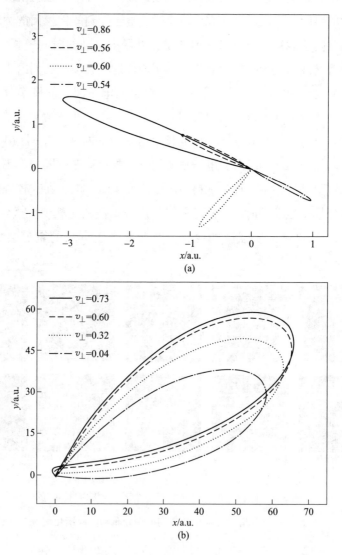

图 3.8　不同时刻的电子轨迹

（a）圆偏振激光脉冲；（b）圆偏振激光脉冲附加一个 E_{THz} = 0.06a. u. 的太赫兹场

所以在圆偏振激光脉冲下，也能看到电子回复。但是电子在外场中的运动距离非常短，最多只有 3a.u. 左右，在这么短的距离内电子不能被有效加速，所以当只有圆偏振激光脉冲时，回复的电子携带的能量是非常少的，高次谐波的效率非常低。反之，从图 3.8 (b) 中可以看到，当在圆偏振激光脉冲上附加一个太赫兹场时，电子在外场中的运动距离非常远，这样远的距离使得电子能够被充分加速，这样一来，电子与母核复合时将释放大量的能量，使得高次谐波平台区大大扩展。

综上所述，从图 3.6 (a_1)~(a_{10}) 中观察到，只有圆偏振激光脉冲时，电子都逐渐远离母核，能够回复的电子非常的少，而从图 3.8 (a) 发现，即使有电子回复，带回来的能量也是非常弱的。这就导致了圆偏振激光脉冲下无法产生高次谐波。在 y 方向加入强度为 $E_{THz} = 0.06a.u.$ 的太赫兹场后，在图 3.6 (b_1)~(b_{10}) 清晰地看到了两次大量的电子与母核复合的现象。而且从图 3.8 (b) 我们知道，不仅仅有大量的电子回复，而且这些回复的电子在外场中运动的距离非常远，可以从激光场中得到大量的能量，也就意味着谐波将被扩展。

为了进一步清楚地了解高次谐波发射的物理机制，我们对电离概率进行了计算，并根据初速度不为零的三步模型给出了每一次谐波对应的电离时刻和发射时刻，如图 3.9 所示。从图 3.9 (a) 可以看到，在圆偏振激光脉冲的情况下，每半个周期都有电子发射，这样电子间将产生很强的干涉，这就是谐波谱呈现出明显的调制结构的原因。在圆偏振激光脉冲的 y 方向加入太赫兹场后，如图 3.9 (b) 所示，电离概率和圆偏振激光脉冲时相比提高了一个量级，这和电子波包的概率分布图所得到的结果完全一致。通过三步模型图像可以看到有三个峰对谐波发射产生贡献，分别标记为 A，B，C。通过电离曲线可以发现，电离概率在 2.15o.c. 之前是非常低的，所以在 2.61o.c. 左右发射的谐波是可以忽略不计的，这和图 3.5 所得到的结果一致，即 P_3 的强度相对于 P_1 和 P_2 来说非常的弱，其对谐波的贡献可以忽略。从 2.36~3.15o.c. 电离的电子都在 3.45o.c. 左右回复，而从 3.39~4.16o.c. 电离的电子，都在 4.48o.c. 左右回复，最大能量分别为 369eV 和 144eV。C 峰在能量高于 144eV 后是没有贡献的，因此 144eV 以上的谐波发射均来自 B 峰的短轨道贡献。故产生了一个带宽为 225eV（144~369eV）的连续谐波谱。综上所述，太赫兹场的加入打破了电子在圆偏振激光场下周期性回复的性质，实现了量子轨道的控制。

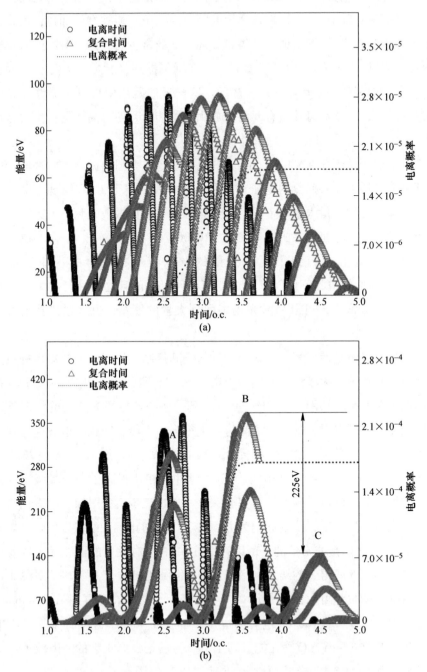

图 3.9　电子能量随电离时间和复合时间的变化以及电离概率随时间的演化

（a）圆偏振激光；（b）圆偏振激光附加一个 $E_{THz} = 0.06\text{a. u.}$ 的太赫兹场

　　最后，通过截取一定阶次的谐波谱，来研究阿秒脉冲的产生（纵坐标进行了归一化）。当在圆偏振激光脉冲的 y 方向加入太赫兹场，由于 144~369eV 仅有一个轨道对谐波产生贡献，谐波是超连续且少有调制的，所以，在这段区域内，任意截取一定阶次的谐波，均可以产生孤立的阿秒脉冲，如图 3.10（a）所示。然后，通过叠加 216~249eV 的谐波，得到了一个脉宽为 69as 的孤立阿秒脉冲，如图 3.10（b）所示。

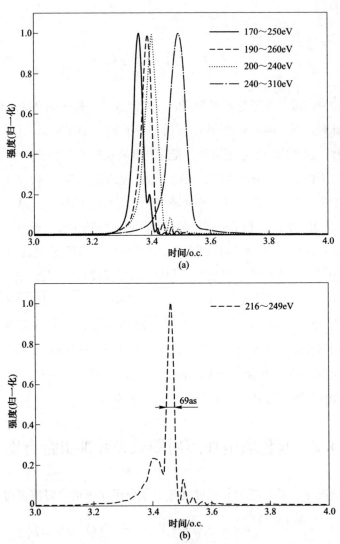

图 3.10　圆偏振激光叠加一个 $E_{THz}=0.06$a. u. 的太赫兹场情况下所得到的阿秒脉冲的包络

（a）任意截取一定阶次谐波；（b）截取 216~249eV 谐波

4 短周期激光脉冲作用下高次谐波及孤立阿秒脉冲的产生

4.1 引　言

当研究激光与原子分子的相互作用时，人们致力于如何提高高次谐波的强度，并且缩短其脉宽。孤立阿秒脉冲的应用前景非常广泛，如探测原子和分子内部的超快动力学过程，包括内壳层电子弛豫、光隧道电离及核动力学过程等[62,100]。因此，阿秒脉冲的应用价值是十分重大的，无论实验还是理论上都得到了人们细致而深入的研究。由于高次谐波光谱具有等频间隔和覆盖范围广的特点（从红外到软 X 射线的范围），从而成为产生相干极紫外辐射和阿秒脉冲的主要工具[33]。而为了得到强度更高的孤立阿秒脉冲，便需要提高高次谐波的强度和展宽谐波的平台。

目前，为了实现谐波平台的展宽，得到孤立阿秒脉冲，人们采用了各种各样的方法，其中，Sansone 等人[70]通过偏振门技术得到了一个脉宽 130as 的接近单周期的阿秒脉冲。Goulielmakis 等人[71]通过使用脉宽较短的激光脉冲，得到了 80as 的单个脉冲输出。Zou 等人[101]通过中红外激光 2000nm 和 909nm 的激光组合场获得了水窗波段的组合场。Wu 等人[102]利用啁啾方案通过 800nm 激光脉冲和 1600nm 的组合场，得到了一个 38as 的孤立短脉冲。

4.2 双色场附加短周期激光脉冲组合方案

在一维情况下，偶极近似和长度规范下单电子原子的含时薛定谔方程为：

$$i\frac{\partial \psi(x,t)}{\partial t} = \left[-\frac{1}{2}\frac{\partial^2}{\partial x^2} + V(x) - xE(t) \right]\psi(x,t) \tag{4.1}$$

本章采取软核库仑势，$V(x) = -a/\sqrt{x^2 + b}$，软核参数 $a = 2$，$b = 0.5$，对应 He$^+$的基态电离能 54.4eV。采取的激光形式为：

$$E(t) = E_0 f_0(t) \cos(\omega_0 t) + E_1 f_1(t) \cos(\omega_1 t) - E_2 f_2(t + t_{delay}) \cos\left[\omega_2(t + t_{delay})\right]$$

$$(4.2)$$

式中，$E_i (i = 0, 1, 2)$ 为激光场的峰值强度；载波包络 $f_i(t) = \exp\left[-4\ln2(t^2/\tau_i^2)\right]$；$\omega_i$ 和 $\tau_i (i = 0, 1, 2)$ 分别为激光的频率和脉宽（半高全宽）；τ_{delay} 为时间延迟。

不同组合激光脉冲下的谐波谱如图 4.1 所示。图中采用的双色组合激光脉冲为 5fs，800nm（$\omega_0 = 0.057$）和 10fs，1200nm（$\omega_1 = 0.038$）两束高斯型脉冲，其光强分别为 $I_1 = 2 \times 10^{15} \mathrm{W/cm^2}$ 和 $I_2 = 1 \times 10^{14} \mathrm{W/cm^2}$。当双色组合激光脉冲与 He$^+$ 相互作用时，产生的谐波谱如图 4.1 虚线所示，谐波谱呈现出双平台结构，第一个平台为 45~267 阶次，第二个平台为 267~453 阶次，而且从 310 阶次开始形成了连续谱，但是有很明显的调制结构。从图中还可以看到，第一个平台的效率较高，而第二个平台比第一个平台低了 4~5 个量级。如果谐波谱的效率低，那合成的阿秒脉冲必然效率也比较低。提高谐波谱效率的解决方案[67]之一就是通过在双色激光场基础上附加一个脉宽为 0.5fs，波长为 62.3nm 的远紫外脉冲，如图 4.1

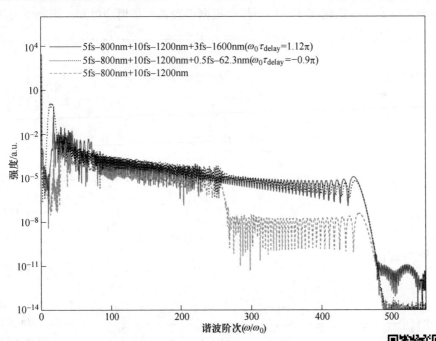

图 4.1 不同组合激光脉冲下的谐波谱

（实线为双色场叠加短周期脉冲，点线为双色场叠加
远紫外脉冲，虚线为只有双色场）

点线所示，结果表明当在双色场上附加一个远紫外脉冲后，谐波的截止位置并没有发生变化，但是谐波谱的第二个平台消失了，几乎只剩下一个平台，而且谐波的强度有了 2~4 个量级的提高。而我们所考虑的是：是否可以用其他激光替代脉宽为 0.5fs，波长为 62.3nm 的远紫外脉冲来提高谐波的第二个平台，从而合成强度较高的阿秒脉冲。通过在 5fs，800nm（$\omega_0 = 0.057$）和 10fs，1200nm（$\omega_1 = 0.038$）的双色场上附加一个 3fs，1600nm 的短周期脉冲，并采用时间延迟 $\omega_0\tau_{\text{delay}} = 1.12\pi$，如图 4.1 实线所示，谐波谱不再是双平台结构，只剩下一个平台，而且从 235 阶次开始到截止位置都是连续的，和双色激光场下的谐波谱相比，谐波调制明显变弱，这对产生孤立阿秒脉冲是十分有利的。

图 4.2 给出了激光场和电子的电离概率随时间变化的曲线。图中，点线：双色场下激光场示意图；实线：双色场附加短周期激光脉冲后激光场示意图；点划线：双色场下电子电离概率随时间变化的图像；虚线：双色场附加短周期激光脉冲后电子电离概率随时间变化的图像。根据半经典三步模型可知，当激光脉冲的

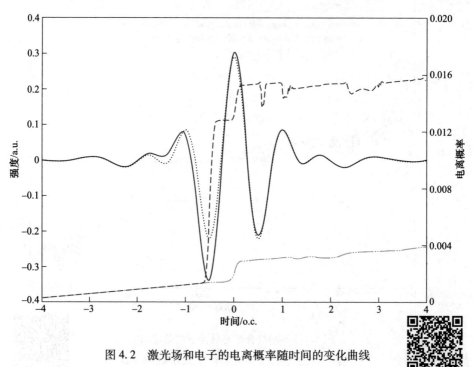

图 4.2 激光场和电子的电离概率随时间的变化曲线

强度小于离子的饱和光强时，电离速率的大小就决定了谐波的转化效率高低。从图中可以看到，只有双色场作用时，电子在正向最强的峰值（即0o.c.）附近电离，且电离速率很缓慢，这导致谐波效率很低。当叠加一个3fs，1600nm的短周期激光脉冲后，激光场发生了明显的变化，电离提前了半个周期左右，即主要发生在-0.6o.c.处，且电离概率提高，大量的电子电离，就意味着回复的电子将变多，则使高次谐波的转化效率提高。

为了更清楚地阐述谐波产生的物理机制，我们给出了谐波阶次随电离时间（圆圈）和复合时间（三角）变化的关系，如图4.3所示。从5fs，800nm和10fs，1200nm的双色组合激光场的三步模型中（图4.3（a））可以看到，有三个峰对谐波产生贡献，分别标记为A，B，C。A峰所对应的电离时间是-1.2~-0.8o.c.，而从图4.2可以看出，-1.2~-0.8o.c.的电离概率是非常小的，所以相比于B峰和C峰，A峰的贡献可以忽略不计。那么只剩下B和C两个峰共同对谐波产生贡献。而C峰只对267阶次以下的谐波产生贡献，在267阶次以上，谐波的贡献只来自于B峰。但是B峰对应的电离时间为-0.45o.c.，而在-0.45o.c.左右电离概率依然比较低，所以这也就是为什么谐波的第二个平台效率很低。而且由于长短轨道共同存在，那么轨道间将会产生很强的干涉，故谐波谱有明显的调制。当在5fs，800nm和10fs，1200nm的双色组合激光场上叠加一个3fs，1600nm的短周期激光脉冲后，如图4.3（b）所示，可以看出依然有三个峰对谐波产生贡献，标记为A，B，C，对应的最大谐波阶次依次为990阶次，448阶次，235阶次。A峰所对应的电离时间是-1.8~-1o.c.，同样，从电离概率的图像中可以看到-1.8~-1o.c.间的电离概率非常低，所以A峰对谐波的贡献可以忽略。235阶次以下B峰和C峰两个峰共同对谐波产生贡献，而235阶次以上只有B峰对谐波有贡献。而B峰所对应的电离时间为-0.48~-0.3o.c.，这是电子大量电离的时间，可见电子提前半个周期电离使得B峰对谐波的贡献有了很大提高。为了详细研究这一过程，给出了-0.6~0.6o.c.的细节图像。从图像中可以看到-0.48~-0.44o.c.比0.44~-0.3o.c.的电离速率（电离概率的倾斜程度代表电离速率）要大，而谐波的效率主要依赖于电离速率，因此谐波的贡献主要来自B峰的长轨道，故而谐波在235阶次到截止处是超连续且调制较少的。这与得到的谐波谱是完全对应的。

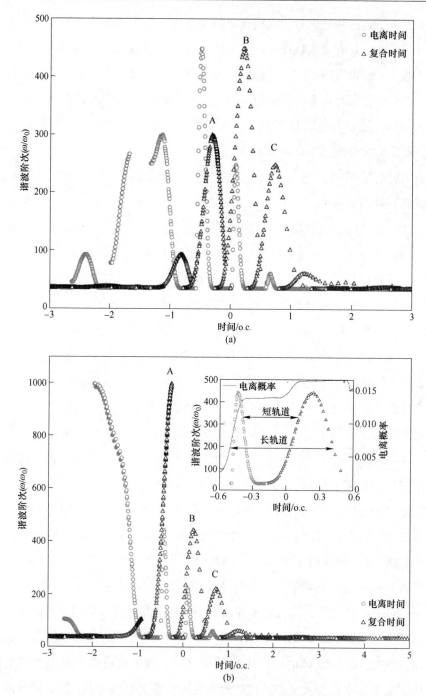

图4.3　谐波阶次随电离时间和复合时间变化的关系

（a）双色场情况下；（b）双色场附加短周期脉冲情况下（插图为-0.6~0.6o.c. 时谐波
阶次随电离时间和复合时间变化的放大图像以及电子电离概率随时间的变化曲线）

为了进一步研究谐波谱的特性，图4.4给出了谐波谱对应的时频分析图像。从图4.4（a）中，我们看到三个峰对谐波产生贡献，分别标记为 P_1，P_2，P_3。其中 P_3 的强度明显低于 P_1 和 P_2，所以忽略不计。P_1 的强度高于 P_2，所以来自 P_1 和 P_2 峰共同贡献的267阶次以下的谐波强度很高，但是高于267阶次的谐波只来自强度较低的 P_2 峰的贡献，所以谐波效率非常低。并且 P_2 峰的长短轨道强度相当，因此轨道间干涉十分严重。当在5fs，800nm和10fs，1200nm的双色组合激光场上叠加一个3fs，1600nm的短周期激光脉冲后，如图4.4（b）所示，对谐波产生贡献的三个峰分别被标记为 P_1，P_2，P_3。同样，由于 P_3 对应的电离概率很小，因此 P_3 峰的贡献可忽略不计。与只有双色激光场时不同，此时 P_1 峰和 P_2 峰的强度已经相当，P_2 峰主要对谐波的第二个平台产生贡献，所以谐波的第二个平台强度被提高了。而且可以清晰地看到 P_2 峰的长轨道强度大于短轨道，因此谐波主要来自 P_2 峰的长轨道，谐波谱是连续的，这与三步模型中所得到的结果完全一致。

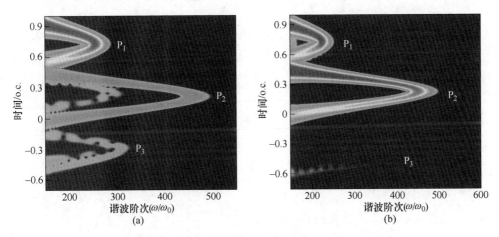

图4.4 H_2^+ 的高次谐波谱相应的时频分析图像

（a）双色场情况；（b）双色场叠加短周期脉冲的情况

最后，我们通过截取一定阶次的谐波谱来产生孤立阿秒脉冲。由于双色场时谐波调制结构较严重，所以无法产生孤立的阿秒脉冲。而在双色激光场上叠加了3fs，1600nm的激光脉冲后，谐波调制明显变弱，谐波谱是连续的，所以首先截取整个平台区（240~470阶次），如图4.5（a）所示，产生了一个54as的阿秒脉冲，但是伴随着很多小的子脉冲。当截取240~300阶次的谐波谱时，如

图 4.5（b）所示，得到了一个脉宽为 41as 的孤立阿秒脉冲，在 1.05o.c 左右有一个小的子脉冲，但是强度很低，对孤立阿秒脉冲的影响很小。

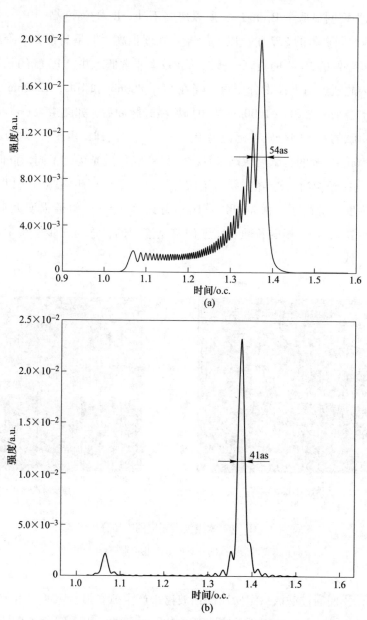

图 4.5　双色场附加 3fs，1600nm 的短周期脉冲情况下，通过
截取不同阶次的谐波得到的阿秒脉冲时域包络图像

（a）240~470 阶次；（b）240~300 阶次

4.3 非均匀场下高次谐波的产生

2008 年，Kim 等人[103]用一束聚焦光强为 $10^{11}\mathrm{W/cm^2}$ 的飞秒激光照射到领结型的金属纳米结构上，并且在这两个对顶的三角形纳米结构的尖端表面形成了等离子体，由激光脉冲引发的等离子体在纳米结构的空隙中形成了随着外部脉冲的瞬时电场的变化而变化的且在空间上非均匀分布的局域增强的电场，其增加的强度在空间的每一点都有所不同，故称作非均匀场。这样一来，高次谐波的产生不再需要其他的激光脉冲放大腔体，可以直接由激光振荡器来实现。通过非均匀场使得入射激光的强度提高了两个量级，并且实验上通过这个方法成功观测到了高次谐波的产生。非均匀场的出现使我们可以使用入射激光强度低的激光脉冲来产生高次谐波，降低了实验难度，节省了设备空间。

自从金属纳米结构的场增强效应，即非均匀场方法应用到高次谐波的产生上以后，人们在实验上利用其特点开展了更多的后续工作，在理论上，不断地对非均匀场进行模拟，构造更多的方案来提高谐波强度和扩展谐波谱。本节中，我们将介绍非均匀场在实验和理论上的实现方法以及进展。

4.3.1 非均匀场下高次谐波发射实验进展

如图 4.6 所示，在实验上，Kim 等人[105]用入射激光脉冲照射到金属纳米结构上，从而产生非均匀场。在激光与气体原子相互作用的区域插入领结型的金属纳米结构阵列。将 10fs，800nm 的激光脉冲照射到蓝宝石平面的金属纳米阵列上，并向纳米结构喷射氩气体，使其冲入到纳米结构的空隙中。如图 4.6 右下图所示，在激光场的作用下，对顶的三角形结构的顶端将产生等离子体，即正负电荷，形成非均匀场，空隙中的氩原子将受到入射激光场和非均匀场共同形成的叠加场的作用。这个叠加场的强度远大于入射激光强度，那么氩原子在强的叠加场中电离增强，因此有大量的电子电离并在外场中运动，再回到核附近与母核复合，发射高次谐波。每一个领结型结构都相当于高次谐波的发射源。如图 4.7（a）所示，在电子显微镜下可以看到，金属纳米结构阵列是由大量的领结型结构组成的，所以就有大量的高次谐波的发射源，即大量的高次谐波发射。

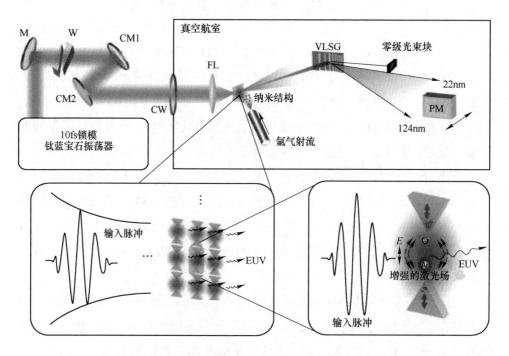

图 4.6   利用蝴蝶结型的金属纳米结构进行局域电场增强
并产生高次谐波的实验装置示意图[103]

图 4.7（b）显示了实验上[103]通过非均匀场方法观测到的截止为 17 阶次的高次谐波谱，第 7 阶次开始，均有奇数次的高次谐波发射，第 7 阶至第 9 阶为急速下降，第 11 阶次到第 15 阶次显示为平稳的平台，在第 17 阶次截止。这与高次谐波的特性完全一致，所以，非均匀场产生高次谐波是可行并且有效的。

在强激光的作用下，热损坏和光学破坏等效应将导致领结型的金属纳米结构降解，随着激光不断照射，领结型纳米结构的几何构型会慢慢消失，也就是说，实验上高次谐波信号会很弱，导致很难观测到，所以激光作用在金属纳米结构上虽然成功地构造了非均匀场，但这种技术还引起一些争论[104]。因此，为了解决这一问题，2011 年，In-Yong Park 等人提出[105]，利用微米和纳米尺度之间的金属悬臂上的三维漏斗型波导来产生非均匀场，因为其在强激光场下可以有效抵御负面效应，使高次谐波观测更加容易。

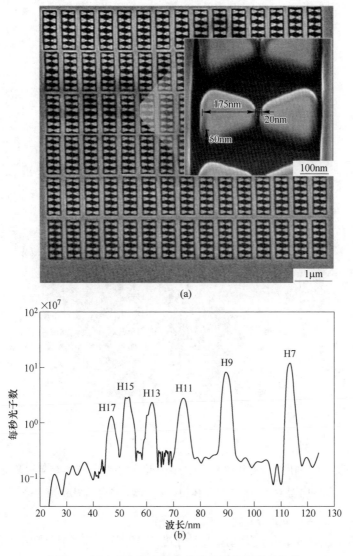

图 4.7 用来产生高次谐波的纳米结构阵列的扫描
电子显微镜图像实验测量到的高次谐波谱[103]

　　如图 4.8 所示，Park 等人使用的三维漏斗型波导具有圆锥形结构，入口直径较大，出口直径较小。当激光脉冲从入口处入射到漏斗型波导后，将在漏斗型波导内层表面形成等离子体，等离激元极化子将慢慢地聚集到漏斗的尖端（等离激元极化子是由光子和表面等离激元耦合而成）。那么尖端处的电场强度就被大大增强，在出口处就形成了非均匀场，且强度较高。这时再喷入氙气体原子，在波导出口处就会有高次谐波发射。

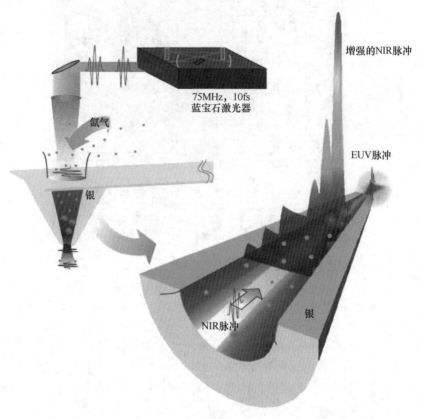

图 4.8　利用三维漏斗型金属波导来产生高次谐波的实验装置示意图
及利用波导表面的等离子体增强入射激光场的过程示意图[105]

　　图 4.9 给出了 Park 等人利用入射强度为 $10^{11}\,W/cm^2$ 的激光脉冲在三维漏斗型波导的场增强后所得到的高次谐波发射谱。如图所示，谐波从 15 阶次开始，均有奇数次的高次谐波发射，截止为 43 次谐波。用这种方法获取的高次谐波效率更高，截止更宽，可见三维漏斗型波导产生非均匀场的可行性。

4.3.2　非均匀场下高次谐波发射的理论方法

　　实验上首次通过激光照射金属纳米结构产生非均匀场从而检测到高次谐波发射是在 2008 年。从那之后，非均匀场就受到了广泛的关注。但是与此同时，也

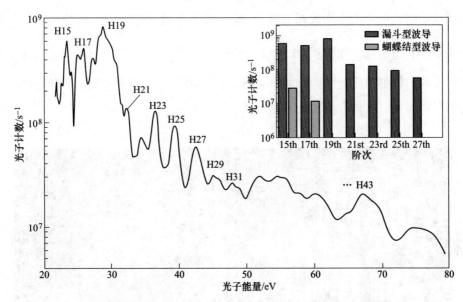

图 4.9 利用三维漏斗型波导的场增强效应得到的高次谐波谱[105]

（插图为漏斗型波导与蝴蝶结型纳米结构阵列所产生的高次谐波的光子计数对比图）

有一些争论的声音产生，这也推动了非均匀场方法的进步与成熟。2011 年，Husakou 等人[106]把非均匀场在理论上模型化，通过对 Lewenstein 强场近似模型的修正，把领结型纳米结构的几何尺寸、产生的非均匀场的空间非均匀性都考虑了进来，从而成功对实验进行了模拟。从此，人们对非均匀场开展了系统而细致的研究，其中也包括采用数值求解薛定谔方程的方法对非均匀场下原子高次谐波发射进行模拟。

Husakou 等人试图使非均匀场的模型简单化，所以把场的增强视为对入射激光场在空间维度上的一阶微扰项，这样空间非均匀的激光场形式就改写为：

$$E(t,x) = E(t)(1 + x/d_{inh}) \tag{4.3}$$

式中，$E(t)$ 为入射激光场；x 为空间坐标；d_{inh} 具有长度单位，定义 $\beta = 1/d_{inh}$ 为非均匀场的非均匀程度。这种方法十分简便地给出了非均匀场模型，在高次谐波的研究中被广泛接受并使用。

我们知道，真实的非均匀场绝不是简单的一阶的空间微扰项，而是高阶的空间分布[107]，非均匀场的空间分布形式用函数 $g(x)$ 表示，那么空间非均匀的激光场形式：

$$E(t,x) = E(t)(1 + g(x)) \tag{4.4}$$

2012 年，Ciappina 等人[41]通过有限元方法计算了三维蝴蝶结型金属纳米结构在激光场中的非均匀场，如图 4.10 所示。令 $g(x) = \sum_{i=1}^{N} b_i x^i$，通过拟合定出系数 b_i，使得非均匀场更加接近实验中的真实场。得到函数 $g(x)$ 后，空间非均匀的激光场就可以确定。这种方法更为大家接受。

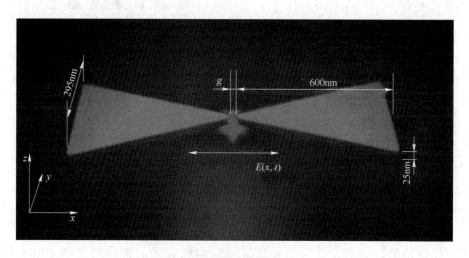

图 4.10   理论构建的三维蝴蝶结型纳米结构示意图[41]

（g 代表两个尖端之间的间距）

4.3.3 非均匀场下高次谐波发射理论进展

在我们过去的研究中，激光场都是视为空间均匀的，非均匀场的出现打破了这一常规，使高次谐波的发射在非均匀场中进行，这就意味着有更多的物理现象需要去探索，也就促使理论研究更进一步。

从 Husakou 等人首次提出非均匀场的理论模型开始，非均匀场的研究就不断展开。2012 年，Ciappina 等人[107]发现，长波长激光脉冲在非均匀场下高次谐波扩展更加明显，并通过多种分析手段探索了非均匀场下谐波扩展的原因。2012年，Yavuz 等人[108]通过数值求解薛定谔方程对非均匀场量子轨道的调控进行研究，并得到孤立阿秒脉冲。次年，He 等人[109]研究了少周期激光脉冲非均匀场下高次谐波平台区的产额与入射激光波长的关系。对于阿秒脉冲的产生，也进行了大量的研究[110-112]，发现非均匀场下谐波扩展，给合成孤立阿秒脉冲提供了便利。

随着实验的不断进步、成熟，以及理论研究的不断丰富，对其物理背景、机制的解释和阐述都更加清晰，这就使得非均匀场方法会更加广泛地应用到阿秒科学中。

4.4　短周期非均匀场下 H_2^+ 量子轨道的控制和 100as 以下孤立阿秒脉冲的产生

在前几节中，对非均匀场做了简单的介绍。这一节，将对非均匀场进行理论模拟，同时我们对短周期脉冲作用下分子高次谐波的发射也产生了浓厚的兴趣，所以本节将继续求解一维含时薛定谔方程，选取非均匀场下短周期激光脉冲与最简单的分子 H_2^+ 体系相互作用，进而研究高次谐波的产生。

在一维情况下，偶极近似和长度规范下单电子的含时薛定谔方程为：

$$i \frac{\partial}{\partial t} \varphi(x,t) = \left[-\frac{1}{2} \frac{\partial^2}{\partial x^2} + V(x) + V_i(x,t) \right] \varphi(x,t) \qquad (4.5)$$

式中，采取软核库仑势，$V(x) = -\dfrac{1}{\sqrt{(x+R/2)^2+1}} - \dfrac{1}{\sqrt{(x-R/2)^2+1}}$，选取平衡核间距 $R = 2.6\mathrm{a.u.}$，H_2^+ 的基态电离能 31.7eV，与实验值基本吻合。激光场与分子的相互作用势为 $V_i(x,t) = xE(x,t)$。激光场的形式为 $E(x,t) = e_0 f(t)(1 + \varepsilon|x|)\sin(\omega_0 t + \varphi)$，其中 ε 为决定激光场非均匀性的参数；e_0 为场强峰值；ω_0 为激光频率；φ 为激光相位；$f(t) = -\exp[4\ln2(t^2/\tau^2)]$ 为激光的载波包络，τ 代表激光的脉宽，即半高全宽。脉冲持续时间为 $10T$，$T = \dfrac{2\pi}{\omega}$ 代表激光的周期。线性函数 $1 + \varepsilon|x|$ 可用来近似表示激光场的非均匀性质。事实上，通过调节等离子体的几何纳米结构以及激光场参数，空间非均匀场可由一个线性函数表示，这种表示方法在之前的工作中已经被广泛使用[87,110]。若 $\varepsilon = 0$，就表示这个激光场是空间均匀场。

首先，我们研究了 3fs，800nm 的超短激光脉冲与固定核近似下的 H_2^+ 的相互作用，激光的频率为 0.057，光强为 $4\times10^{14}\mathrm{W/cm^2}$，相位 $\varphi = 0$。因为研究的主要目的是探索激光场的非均匀性对高次谐波产生的影响，所以计算了不同非均匀场参数下的高次谐波谱。如图 4.11 所示，实线是 $\varepsilon=0$ 的情况，也就是空间均匀场的高次谐波谱。可以看到，在均匀场下谐波截止位置在 60 阶次，谐波谱是连续的，但是谐波谱布满了调制结构。当非均匀场参数增加到 0.003 时（虚线），谐波的截止被延展到 79 阶次，而且相比于均匀场的情况，谐波谱的调制变少，变得较平滑。当非均匀场参数增加到 0.0048 时（点线），谐波的截止已经被扩展到 111 阶次，而且谐波谱呈现出超连续形态，几乎没有调制。截取这样平滑的谐波谱对产生孤立阿秒脉冲是十分有利的。

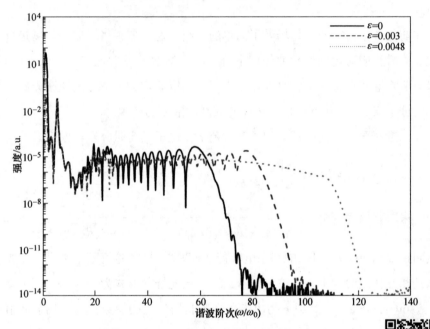

图 4.11   不同非均匀场参数下谐波谱发射图像

为了进一步研究谐波谱的特征，图 4.12 给出了不同非均匀场参数下谐波谱的时频分析图像。图 4.12（a）显示在均匀场条件下，有两个能量峰对谐波产生贡献，我们分别标记为 P_1 和 P_2，其中 P_2 峰的强度远远小于 P_1 峰，所以贡献很小，不予考虑。对于 P_1 峰而言，长短轨道共同对谐波发射起作用，而且强度相当，这样的话，轨道之间干涉将会使谐波谱充满调制。而当在非均匀场中情况就有所改变。当非均匀场参数 $\varepsilon=0.003$ 时，如图 4.12（b）所示，依然有两个能量峰对谐波发射产生贡献，标记为 P_3 和 P_4，同样的，P_4 的强度远远低于 P_3，可以忽略不计。对于 P_3 峰，长轨道和短轨道与均匀场情况下不同，长轨道已经得到了抑制，短轨道被加强，轨道之间的干涉将会变弱，而且谐波的截止被扩展到了将近80阶次。这就说明，在非均匀场情况下，轨道可以得到控制。当加大非均匀参数，使 $\varepsilon = 0.0048$，如图4.12（c）所示，P_5、P_6峰贡献于谐波发射，对于 P_5 峰，几乎只有一个短轨道对谐波产生贡献，长轨道已经消失，这样一来，轨道之间的干涉不见了，谐波将变得十分平滑，与此同时，谐波的截止已经达到了110阶次。综上所述，在非均匀场条件下，随着非均匀参数的不断增大，在一定的范围内，贡献于谐波发射的长轨道慢慢消失，短轨道慢慢增强，轨道之间的干涉逐渐变弱，而且谐波得到扩展。

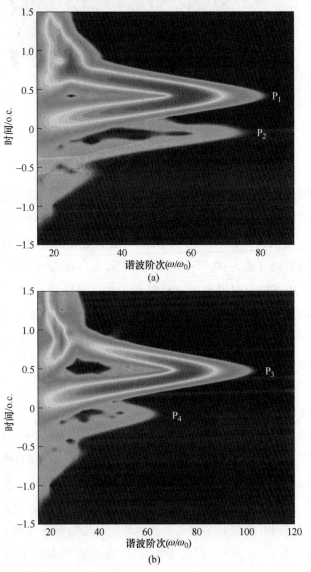

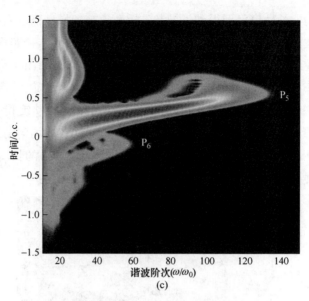

图 4.12　不同非均匀场参数下谐波谱的时频分析

(a) $\varepsilon=0$；(b) $\varepsilon=0.003$；(c) $\varepsilon=0.0048$

　　为了更清楚地了解高次谐波产生的物理机制，研究了半经典三步模型以及电子电离概率随时间的变化。当激光场是空间均匀场（$\varepsilon=0$）时，从图 4.13（a）可以看出，谐波的截止位置大约在 60 阶次。电子主要在 A_1 和 A_2 两个峰附近回复，对应的电离时间分别为 -0.75o.c. 和 -0.15o.c.。而在 -0.75o.c. 时电离速率很低，因此此时电子回复对谐波的贡献较小。在 -0.45o.c. 左右，电离速率有了大幅度提高，而且也可以看到，-0.25～-0.15o.c. 的电离速率和 -0.15～0o.c. 左右的电离速率大小相近，所以对于对谐波贡献最大的 A_2 峰而言，长短轨道对谐波的贡献相当。这与时频分析的结果是完全一致的。当激光场为空间非均匀场时，选取非均匀场参数为 0.003 时，谐波阶次随电离时间和复合时间变化关系及电子的电离概率随时间的变化如图 4.13（b）所示，截止被扩展到 79 阶次左右，电子在 B_1 和 B_2 两个峰附近回复，对应的电离时间为 -0.75～-0.25o.c.，而在 -0.43o.c. 之前，电子的电离概率很低，因此在 -0.75o.c. 左右电离的电子回复对谐波的贡献很小，所以 B_1 峰的贡献很低。而 -0.5～-0.25o.c 间的电离速率要比 -0.25～0o.c. 间的电离速率低，所以短轨道要强于长轨道。但是与均匀场的情况相比，长轨道已经有所抑制了。当增大非均匀场参数到 0.0048，截止已经被扩展到 111 阶次，依然有两个峰 C_1 和 C_2 对谐波有贡献，与上述分析一致，

−0.43o. c. 之前电离速率极小，所以 C_1 峰的贡献可以忽略，而对 C_2 峰而言，只存在一个短轨道，且短轨道对应的电离时间为−0.3o. c. 左右，此时电离速率较大，所以谐波的主要贡献都来自 C_2 峰的短轨道。综上所述，均匀场下，谐波发

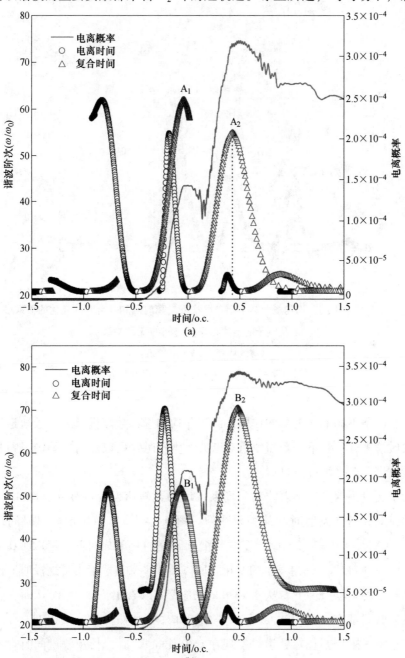

(a)

(b)

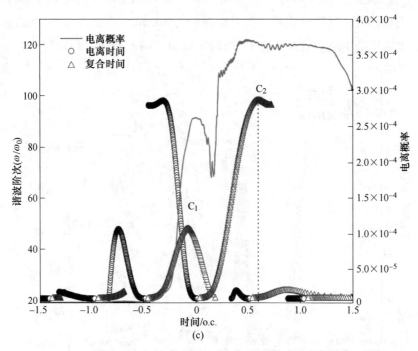

图 4.13　不同非均匀场参数下谐波阶次随电离时间和复合时间变化的关系
以及电子的电离概率随时间的变化关系

（虚线是为了分割长短轨道）

（a）$\varepsilon=0$；（b）$\varepsilon=0.003$；（c）$\varepsilon=0.0048$

射主要有两条不同的轨道共同作用，而当非均匀场参数慢慢增大，长轨道逐渐减弱，最后消失，只剩下一个短轨道对谐波产生贡献，所以随着非均匀场系数的增大，谐波谱逐渐平滑并且延展。

为了更直观地了解随着非均匀场系数增加长轨道发生的变化，图 4.14 给出了电离时间和谐波发射时间的关系图像。图 4.14（a）中显示电离时间从 $-1\sim$ 1o.c.，回复时间从 $-1\sim3$o.c.。而本节重点研究的是电离时间在 $-0.5\sim0.1$o.c.，回复时间在 $0\sim1.2$o.c. 内发生的变化。所以图 4.14（b）给出了这段时间内的细节图。对于均匀场条件下，从 4.13（a）虚线可以看出，对于 A_2 峰而言，长轨道的发射时间都在 $t\geqslant0.43$o.c.，而短轨道对应的发射时间在 $t\leqslant0.43$o.c.，因此可用一条虚线来分割长短轨道，发现在 $t=0.43$o.c. 时，长短轨道同时存在。对于非均匀场系数为 0.003 时，出现了同样的情况，长短轨道同时存在，但从

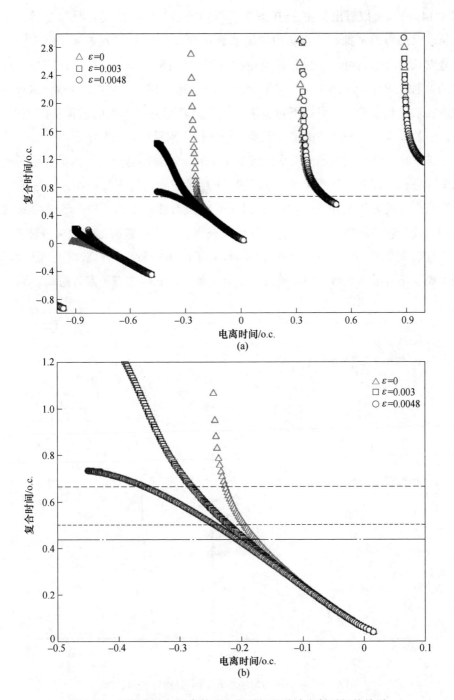

图 4.14　不同非均匀场参数下电离时间和谐波发射时间的关系

（a）电离时间-1~1o. c.，回复时间-1~3o. c.；（b）电离时间-0.5~0.1o. c.，回复时间 0~1.2o. c.

图 4.14（a）可以看出，和 $\varepsilon = 0$ 条件下不同的是长轨道的发射时间变早，说明长轨道已经得到了抑制。当非均匀场系数达到 0.0048 时，在图 4.13（c）的虚线分割长短轨道后可以得出，长轨道的发射时间都在 $t \geq 0.67$o. c.，而短轨道对应的发射时间在 $t \leq 0.67$o. c.，在图 4.14（b）中，用一条虚线来分割长短轨道，发现长轨道几乎消失，只剩下短轨道。这个短轨道逐渐消失的过程从图 4.14 中可以清楚地看到。长轨道的消失无疑对合成孤立阿秒脉冲至关重要。

　　接下来，通过截取不同阶次的谐波来研究阿秒脉冲的产生。为了方便研究对纵坐标进行了归一化。图 4.15（a）和（b）是在均匀场下（$\varepsilon = 0$）分别截取一定阶次合成的阿秒脉冲。通过截取 28 ~ 59 阶次谐波，得到了一个不孤立的阿秒脉冲。选择较少的谐波阶次进行叠加可以获得脉宽更短强度更强的阿秒脉冲[53]，所以接着我们截取 35 ~ 48 阶次谐波，得到了两个阿秒脉冲。从以上分析可得，均匀场下长轨道和短轨道都对谐波产生有贡献，而长短轨道的发射时间不同，所

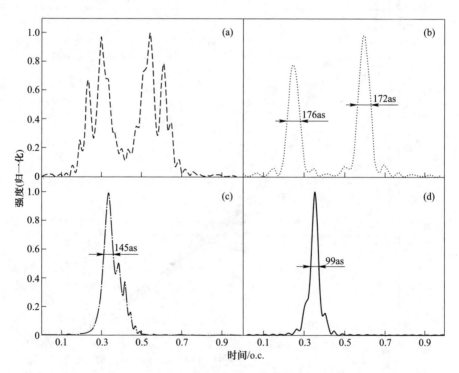

图 4.15　不同非均匀场参数下阿秒脉冲的时域包络

$\varepsilon = 0$：（a）28 ~ 59 阶次；（b）35 ~ 48 阶次

$\varepsilon = 0.0048$：（c）51 ~ 109 阶次；（d）60 ~ 85 阶次

以导致产生两个阿秒脉冲成为必然。图 4.15（c）和（d）是非均匀场参数为 0.0048 时的结果。其中图 4.15（c）是通过截取 51~109 阶次的谐波得到了脉宽为 145as 的阿秒脉冲，可以看出脉冲是孤立的，但是伴随了几个子脉冲。当重新选取截取区域（60~85 阶次），一个脉宽仅为 99as 的孤立阿秒脉冲产生了。这与时频分析，三步模型等分析是完全对应的，也进一步证实了短轨道的加强和长轨道的消失是合成孤立阿秒脉冲的有利条件。

接着采用半经典方法研究了谐波的截止位置随着非均匀场系数增加的变化，如图 4.16 所示。可以看到，随着非均匀场系数的增加，谐波截止位置被扩展，但是谐波截止位置随着非均匀场系数的变化是非线性的，这与之前文献得到的结论[88]一致。我们也通过求解含时薛定谔方程的方法求解了谐波的截止位置，所得到的结论与采用半经典方法得到的结论一致。

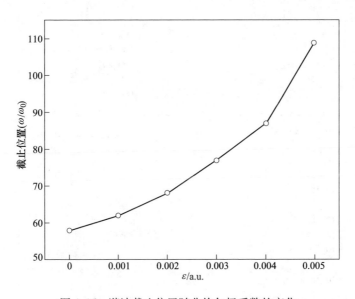

图 4.16　谐波截止位置随非均匀场系数的变化

4.5　载波包络相位对短周期非均匀场下 H_2^+ 高次谐波的影响

由于短周期激光脉冲对载波包络相位十分敏感[112]，因此这一节在非均匀场参数 $\varepsilon = 0.0048$ 的条件下，研究了相位对高次谐波的影响。本节选取了四个不同的相位，分别为 $\varphi = 0$、$\varphi = 0.05\pi$、$\varphi = -0.1\pi$ 和 $\varphi = -0.15\pi$，对应图 4.17 谐波谱中的实线、虚线、点线和点划线。结果表明在不同的相位下都可以形成连续谱。此外，当相位取正时，谐波截止被延展，但是强度下降；当相位取负值时，截止变短，但强度却被提高。这与电子电离和在激光场中被加速的性质等有直接的关系。

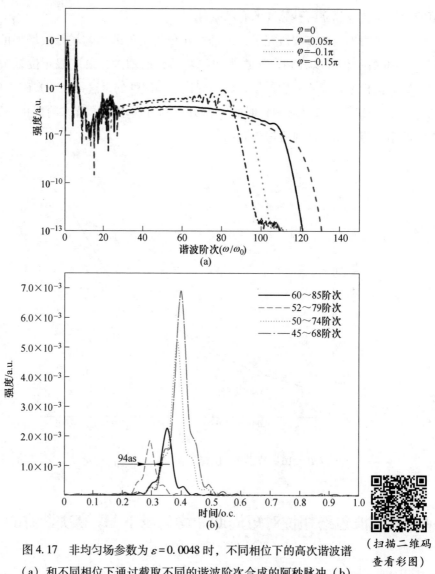

图 4.17　非均匀场参数为 $\varepsilon=0.0048$ 时，不同相位下的高次谐波谱（a）和不同相位下通过截取不同的谐波阶次合成的阿秒脉冲（b）

（扫描二维码查看彩图）

图 4.17（b）显示不同相位下截取不同的谐波阶次合成的阿秒脉冲情况。通

过选取合适的谐波谱合成，可以得到孤立阿秒脉冲。其中，在 $\varphi = 0$，$\varphi = 0.05$，$\varphi = -0.1$ 和 $\varphi = -0.15$ 时，分别得到了 99as，94as，110as，115as 的孤立阿秒脉冲。

4.6 53as 脉冲的产生

我们在之前的工作中研究了短周期 3fs，800nm 的激光脉冲在非均匀场中高次谐波及孤立阿秒脉冲的产生。由于 800nm 的激光脉冲一个周期是 2.67fs，所以 3fs 的激光脉冲大约对应一个光学周期。因此，接下来我们将研究波长稍长的 1600nm 的激光脉冲，脉宽为 15fs，对应大约 3 个光学周期。除了激光参数的改变，其他参数都与 4.3 节一致。图 4.18 显示了在不同非均匀场参数下，15fs，1600nm 的激光与 H_2^+ 相互作用产生的高次谐波谱。首先看图 4.18（a）中实线，即均匀场下（$\varepsilon = 0$）谐波的产生，谐波的截止位置为 418 阶次，且谐波谱布满调制。当 $\varepsilon = 0.0005$ 时（图 4.18（b）），谐波截止被扩展到了 536 阶次，且谐波谱从 380 阶次到截止处是连续的，但还是有一定的调制。当 $\varepsilon = 0.0013$ 时，谐波被大大扩展，截止已经达

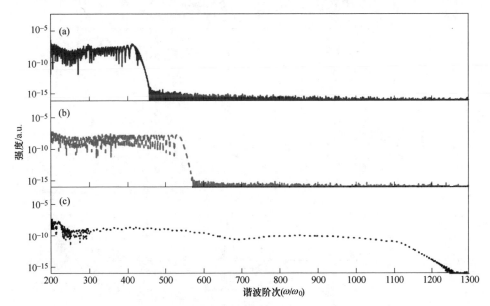

图 4.18   不同的非均匀场参数下的一维 H_2^+ 的高次谐波谱

（激光脉冲为 15fs，1600nm，强度为 $4 \times 10^{14} W/cm^2$）

（a）$\varepsilon = 0$；（b）$\varepsilon = 0.0005$；（c）$\varepsilon = 0.0013$

到了1131阶次，且谐波谱从296阶次开始一直到截止处都是超连续的，如此宽且平滑的超连续谱，对合成孤立阿秒脉冲是十分有利的。

我们也提供了与图4.18（c）相应的高次谐波谱的时频分析图像来研究谐波的性质，如图4.19（a）所示。从图中可以看到，有四个峰对谐波发射产生贡

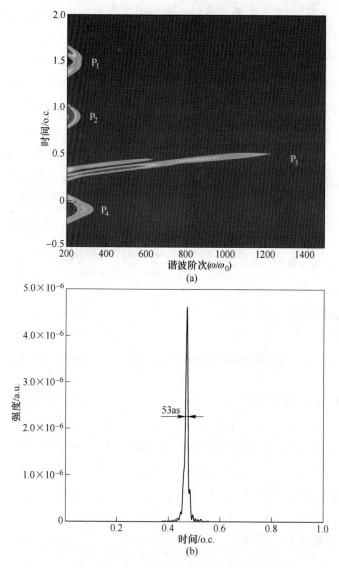

图4.19　在非均匀场参数为 $\varepsilon=0.0013$ 时一维 H_2^+ 的高次谐波谱的时频分析图像（15fs，1600nm 激光脉冲，强度为 $4\times10^{14}W/cm^2$）

（a）和截取 900~1000 阶次的谐波谱产生的阿秒脉冲的时域包络（b）

献，分别标为 P_1，P_2，P_3 和 P_4。在 296 阶次以上，只有一个 P_3 峰对谐波产生贡献，而 P_1 峰只有一个短轨道对谐波发射产生贡献，因此 296 阶次以上谐波谱一定是超连续的，这与图 4.18（c）中所看到的完全一致。由于谐波谱是超连续的，所以在谐波谱上截取任意阶次的谐波都可以产生孤立阿秒脉冲，通过选取合适的阶次（900~1000 阶次），得到了一个 53as 的孤立阿秒脉冲，如图 4.19（b）所示。

5 短周期激光脉冲作用下 H_2^+ 核运动对高次谐波产生的影响

5.1 引　言

阿秒脉冲的产生使得人们以前所未有的精确度和分辨率来探测原子或分子内部电子的动力学行为[59,113]。而在实验上，阿秒脉冲的产生主要通过一种原子或分子的高阶非线性现象——高次谐波[5,42]。理论和实验上都得出了高次谐波谱的一般性质：在低阶次谐波急速下降；接着出现一个平台区域，在平台区谐波的效率几乎保持不变；最后在某一阶次，谐波强度迅速下降出现截止。这一过程已经被半经典三步模型成功解释[33,35,84]。首先，束缚电子的势垒在激光场作用下发生形变，从而电子电离；电离后，认为电子不再受库仑势的作用，只在激光场作用下运动；接着，激光场反向，一部分电子在激光场的作用下越走越远不再回到母核，而有一部分电子将回到母核附近并与母核复合。在外场中额外获得的能量将以高能光子的形式释放出来，即产生高次谐波。

激光与物质相互作用和阿秒脉冲产生已经得到了广泛的研究，但研究对象多数都是原子系统。而与原子相比，分子由于其结构上的非对称性和复杂性，在与激光场的相互作用中呈现出更多的自由度，并产生各种新的现象，近年来已成为新的研究热点。其中分子的电离机制引起了人们广泛的关注，因为分子取向对强场下电离动力学过程有着重要的影响。而分子高次谐波的产生也由于存在核运动和共振增强电离等而更加复杂[114-115]，相关研究包括分子取向对高次谐波的影响[97]，阈上电离中氢分子的电子与核之间的能量分配[116]，组合激光场下分子高次谐波和阿秒脉冲的产生[68]，等等。

分子高次谐波的理论研究大多都是在波恩奥本海默近似下进行的[117-119]，也就是核视为不动的，并忽略核和核之间的相互作用。最近，考虑分子中核的运动对其电离和谐波的影响已经引起了广泛的关注[120-122]。例如，Bandrauk 等人[123]

提供了时域分析的细节来阐明电子重碰撞和重组对阿秒脉冲产生的影响，在计算中考虑了氢分子和氢分子离子核的运动。Bandrauk 等人[124]还指出，氢分子核运动将降低第一个电子对阿秒脉冲产生的贡献，但是对于长激光脉冲来说，会增强第二个电子的贡献。Zheng 等人[125]通过数值求解非波恩奥本海默近似的含时薛定谔方程，研究了多周期 2400nm 的中红外激光脉冲与氢分子离子相互作用，结果表明核运动对高次谐波谱和阿秒脉冲的产生的影响较大。不对称分子的谐波和电离过程对核运动也十分敏感，Miao 等人[126]通过时频分析、三步模型等手段对考虑核运动的不对称分子的高次谐波产生机制进行了研究。

在本章中，我们将考虑核运动，研究氢分子离子与 3fs，800nm 的激光脉冲作用下高次谐波及孤立阿秒脉冲的产生。为了解核运动对高次谐波的影响，研究了核固定和核运动两种情况下的高次谐波谱。在时频分析中，与核固定的情况相比，时频分析考虑核运动后有一个较弱量子峰消失了，所以为了探索这一现象，我们进行了细致的研究并给出解释。此外，还研究了核和电子波包的概率分布和经典轨迹来阐述谐波产生机制。

5.2 理 论 模 型

在数值计算过程中，H_2^+ 分子可以看成是由两个核和一个电子组成的三质点体系，由于我们所使用的是沿着分子轴线方向的线性偏振激光场，电子在激光场方向受到的力远大于其他方向，因此一维模型是有效的。因此在计算中采用分裂算符的方法数值求解一维含时薛定谔方程。在非波恩奥本海默近似下（即核运动情况下），含时薛定谔方程可以表示为：

$$i \frac{\partial}{\partial t} \varphi(z,R,t) = \left[H_n(R) + H_e(z,R,t) \right] \varphi(z,R,t) \tag{5.1}$$

式中

$$H_n(R) = -\frac{1}{m_p} \frac{\partial^2}{\partial R^2} + \frac{1}{R} \tag{5.2}$$

$$H_e(z,R,t) = -\frac{2m_p + m_e}{4m_p m_e} \frac{\partial^2}{\partial z^2} + V_c(z,R) + V_1(z,t) \tag{5.3}$$

分别为核和电子的哈密顿量，$-\dfrac{1}{m_p} \dfrac{\partial^2}{\partial R^2}$ 和 $-\dfrac{2m_p + m_e}{4m_p m_e} \dfrac{\partial^2}{\partial z^2}$ 分别为核和电子的动能。

计算中采用软核库仑势，形式如下：

$$V_c(z,R) = -\frac{1}{\sqrt{(z+R/2)^2 + 1}} - \frac{1}{\sqrt{(z-R/2)^2 + 1}} \tag{5.4}$$

激光场与分子的相互作用为：

$$V_i(z,t) = -\frac{2m_p + 2m_e}{2m_p + m_e} zE(t) \tag{5.5}$$

电子的电离概率为：

$$P(t) = 1 - \int_0^R \mathrm{d}R \int_{-z_0}^{z_0} \mathrm{d}z \; |\varphi(z,R,t)|^2 \; (z_0 = 10\mathrm{a.\,u.}) \tag{5.6}$$

核波包和电子波包的概率分布随时间的变化分别为

$$P_n(R,t) = \int_{-\infty}^{+\infty} \mathrm{d}z \; |\varphi(z,R,t)|^2 \tag{5.7}$$

$$P_z(z,t) = \int_0^R \mathrm{d}R \; |\varphi(z,R,t)|^2 \tag{5.8}$$

式中，R 为核间距；z 为电子的坐标；m_p 和 m_e 分别为核和电子的约化质量。

高次谐波强度正比于电子平均偶极矩阵元 Fourier 变换模的平方，而偶极加速度的形式为：

$$a(t) = \left\langle \varphi(z,R,t) \left| -\frac{\mathrm{d}V_c(z,R)}{\mathrm{d}z} - \frac{\mathrm{d}V_i(z,t)}{\mathrm{d}z} \right| \varphi(z,R,t) \right\rangle \tag{5.9}$$

计算中使用的是线性激光场：$E(t) = e_0 f(t)\sin(\omega_0 t)$，并选取 3fs，800nm 的激光脉冲，采用高斯包络 $f(t) = -\exp[4\ln2(t^2/\tau^2)]$，其中 e_0 为场强峰值；ω_0 为 800nm 激光的频率；τ 为激光的脉宽，即半高全宽。

在计算中，z 方向选取空间长度为 819.2a. u.，包括 4096 个格点；R 方向选取空间长度为 51.2a. u.，包括 512 个格点。由于人为地设置了空间边界大小，所以为了有效地防止到波函数在边界附近发生反射，采用了一个 $\cos^{\frac{1}{8}}$ 吸收函数。

5.3　非波恩奥本海默近似下（核运动）与波恩奥本海默近似下（核固定）的高次谐波产生比较

本章目的是分析核运动对高次谐波发射的影响，所以计算了核运动和核固定两种情况下的高次谐波谱进行对比。对于核固定的情况，选取的核间距为平衡核间距 $R = 2.6$a. u.，通过选取 3fs，800nm 的激光脉冲与 H_2^+ 相互作用来研究高次谐波的产生，激光光强为 $I = 4 \times 10^{14} \mathrm{W/cm}^2$，从图 5.1 实线可以看出，当 H_2^+ 核固定时，谐波的截止位置大约为 60 阶次，谐波谱布满调制，这说明轨道之间的干涉较严重。而当考虑核运动后，谐波谱变得平滑且少调制，而且在 22 阶次到截止处为连续谱，这对合成孤立阿秒脉冲是十分有利的，从谐波谱的结果上可以看出，核运动对谐波的影响很大。但是与此同时，也可以看出，相比于核固定的情况，考虑核运动之后，谐波的效率降低了大约一个量级，这种现象和其他文章[123-124]中所得到的一致。

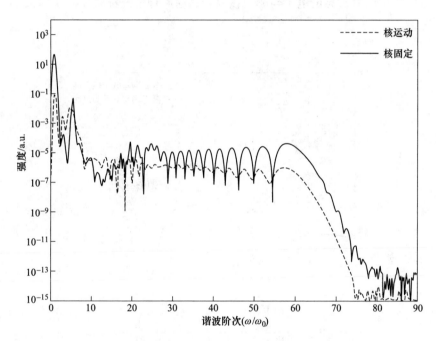

图 5.1　核运动和核固定情况下 H_2^+ 的高次谐波发射谱

（核固定情况，核间距选为 $R = 2.6 \mathrm{o.c.}$）

关于核运动会使分子谐波效率降低的原因，在之前有理论[124,127]已经通过衰减振动自相关系数进行了解释。而在这里，我们通过电子与母核的复合概率来解释谐波效率降低的物理机制。对于不对称分子 HeH^{2+} 而言[126]，电子的运动已经进行了讨论，电子从不同的核电离然后与 He^+ 或者 H^+ 复合，即 He-e-He、He-e-H、H-e-He、H-e-H 四种不同的情况。而对于对称的 H_2^+ 分子而言，就简单得多。当核固定时，电子正常与核复合。而当考虑核运动时，情况将有所不同。H_2^+ 分子

的核间距 R 将相对变大。电子从一个核电离，然后在激光场的作用下被加速，而电子在激光场中运动且没有回到母核之前，核是一直在运动的，所以核已经运动了很远的距离。当激光场反向时，电子将与近的核或者远的核中的一个复合。如果电子与近的核复合，由于电子在外场中被加速的时间较短（图 5.2 回复路径1），那么它将获得较少的能量。如果电子与距离较远的核复合，距离较远电子已经有效地被加速（图 5.2 回复路径2），那么它将获得较多的能量，但是也正因为核已经运动了很远，所以电子与这个核的复合概率变小。与核固定的情况相比，考虑核运动后，无论电子与哪个核复合，这两种情况都将使高次谐波的强度降低。

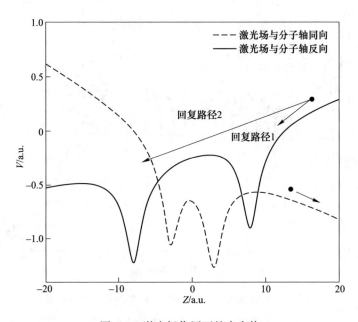

图 5.2 激光场作用下的库仑势

通过小波变换可以把谐波谱从频域变到时域，对谐波谱进行时频分析可以清楚了解谐波的物理性质，如图 5.3 所示。核固定情况下（图 5.3（a）），有两个峰对谐波产生贡献，分别标记为 P_1 和 P_2 峰。其中 P_2 峰比 P_1 峰的强度低很多。而对于 P_1 峰，存在两个轨道对谐波产生贡献，正的上升沿代表短轨道，负的下降沿代表长轨道，长短轨道强度相当，那么它们之间将产生很强的干涉，因此谐波谱必然布满调制，两个轨道发射时间不同，在这样的谐波谱上选取某一段合成阿秒，得到的阿秒脉冲基本不可能是孤立的。当考虑核运动后，如图

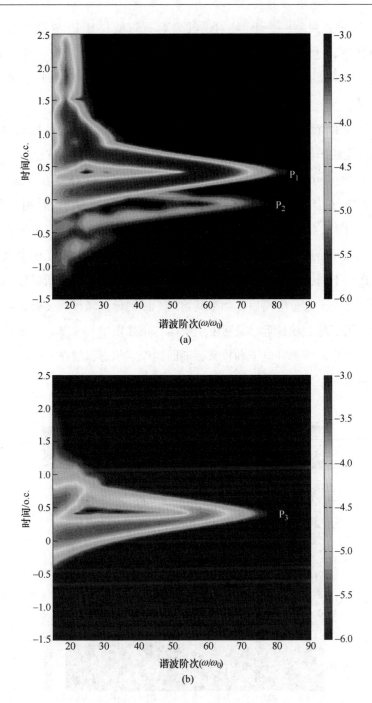

图 5.3　核运动和核固定情况下谐波谱的时频分析图像

（a）核固定的情况，对应图 5.1 实线；（b）核运动的情况，对应图 5.1 虚线

5.3（b）所示，只有一个 P_3 峰对谐波发射有贡献，且 P_3 峰的长轨道强度明显低于短轨道，也就是说长轨道得到了抑制，短轨道被加强，那么轨道之间的干涉变弱，所以 22 阶次以上的谐波是连续的，这与图 5.1 虚线得到的结果是一致的。

　　接着，为了清楚直观地阐述核和电子的运动，计算了电子和核波包的概率分布随时间演化的图像，如图 5.4 所示。图 5.4（a）呈现了核波包概率分布随时间变化。从图中可以看到，在 $t = -0.25$o.c. 之前，核一直在平衡核间距附近（$2 \sim 3.7$a.u.）来回振荡。而当激光场强度达到最大时，即当 $t = -0.25$o.c.（图 5.4（a）插图中虚线），电子开始大量电离，而在库仑势的作用下，核波包也开始逐渐扩散。与其他文献中[123]多周期梯形激光场中核波包剧烈而迅速的运动不同，本节所使用的是短周期高斯型激光脉冲，所以核的运动相对比较缓慢。在电子大量电离后，如果其始终不回到母核与母核复合，那么核将在排斥力的作用下越运动越远，最后发生解离，正如图中 $t = 1.3$o.c. 所显示的。而随着时间的演化，大部分电子和核又逐渐回到稳定状态，故在 $t = 3$o.c. 后，核又重回到平衡核间距继续振荡。

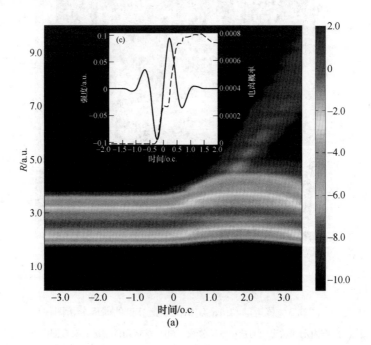

(a)

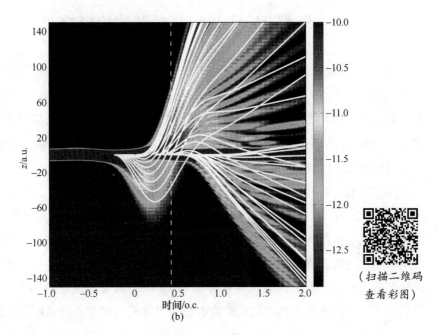

图 5.4 核波包的概率分布随时间的变化（插图为激光场和电子的电离概率随
时间的变化曲线）（a）和电子波包的概率分布随时间的变化（b）
（白色曲线为电子的经典轨迹）

图 5.4（b）给出了电子波包的概率分布在 $t = -1 \sim 2$ o. c. 间的图像。在 $t \leqslant -0.25$ o. c. 时，电子都在核附近，电离概率非常低，这与图 5.4（a）中电离概率曲线所显示的一致。而电子在 $-0.25 \sim 0$ o. c. 大量电离，并在外场中运动获取能量。然而当激光场反向时，电子逐渐靠近母核，经历向前散射并发射高能光子，这一过程主要发生在 $0 \sim 0.48$ o. c.，这和图 5.3（b）中的短轨道发射时间是完全对应的，此外还有少量电子在 $t \geqslant 0.48$ o. c. 时复合，对应着长轨道，所以长轨道并没有完全消失。在 $t = 0.3$ o. c. 附近，大量电子向正方向运动，远离母核且不再回复，也就是这部分电子使 $t = 1.3$ o. c. 左右的核波包发散。我们还计算了电子的经典轨迹，并选取了一些与电子波包的概率分布进行对照，如图 5.4（b）中白色实线所示。结果表明采用经典方法求解的电子轨迹和通过数值求解含时薛定谔方程所得到的结论完全一致。从轨迹中还可以看出电子的速度非常快，轨迹十分陡峭，所有轨迹都穿过坐标轴，向着核运动并发生向前散射。

5.4　H_2^+ 中核振荡对谐波的影响

我们再仔细研究一下图 5.3 显示的核固定和核运动的时频分析图像。当核固定时（图 5.3（a）），可以清晰看到在 $t = -0.3o.c.$ 左右有一个 P_2 峰对谐波的发射产生贡献。而在考虑核运动的情况下（图 5.3（b）），P_2 峰消失不见了。为了进一步了解 P_2 峰消失的原因，我们进行了进一步研究与探索。通过分析可以知道，当核固定时，核间距始终保持不变；而当核运动时，核间距一直在 2~3.7a.u. 变化，即核一直处于振荡状态。如图 5.4（a）所示，在 $t \leqslant -0.25o.c.$ 之前，核波包一直在平衡核间距附近振荡。那么 P_2 峰的消失是不是由于核振荡引起的呢？为了弄清这一问题，我们渐渐降低激光脉冲的强度，使得核运动越来越慢，直到趋于静止。那么，如果 P_2 峰如果一直存在，就说明并不是核振荡的影响；反之，则说明核振荡对 P_2 峰的消失起决定性的作用。图 5.5 分别给出了不同光强下高次谐波的发射谱。当降低入射激光的强度，那么高次谐

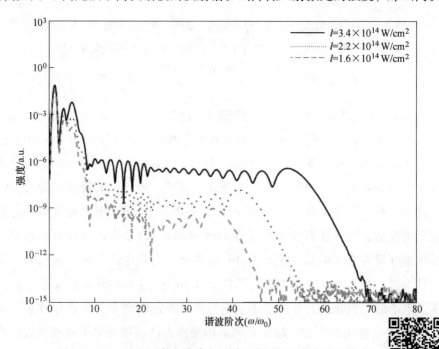

图 5.5　3fs，800nm 激光脉冲在不同的光强下的高次谐波的产生

（扫描二维码
查看彩图）

波的强度也将降低，谐波的截止将缩短。图5.6（a）~（c）中显示了高次谐波发射的时频分析图像，相应的核波包概率分布随时间的变化分别为图5.6（d）~（f）。随着激光强度的降低，核运动越来越缓慢，当 $I=2.2\times10^{14}\,W/cm^2$ 时，核波包几乎一直在平衡位置附近振荡，振荡幅度非常小。而这时从时频分析中可以看出，只有一个峰对谐波产生贡献，P$_2$ 峰消失了。所以经过以上论证可以得出结论：核的振荡抑制了-0.5o.c. 之前的电离，导致 P$_2$ 峰消失。

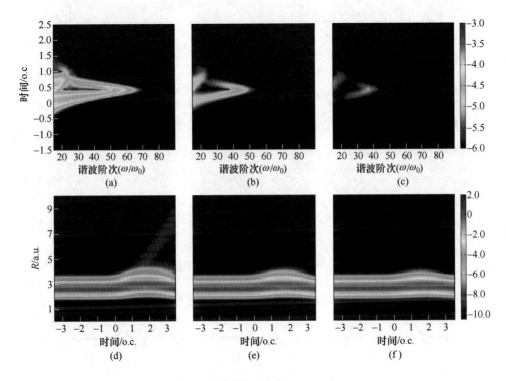

图5.6 不同光强下谐波的时频分析

（a）$I=3.4\times10^{14}\,W/cm^2$；（b）$I=2.2\times10^{14}\,W/cm^2$；（c）$I=1.6\times10^{14}\,W/cm^2$；

（d）~（f）对应（a）~（c）不同光强下核波包的概率分布随时间变化的图像

最后，通过截取一定阶次的谐波谱，进行了阿秒脉冲的合成，如图5.7所示，图中为了方便对比，纵坐标已归一化。在核固定的情况下，通过截取31次谐波（28~59 阶次的谐波），在一个周期内，得到了一个不规则的阿秒脉冲。截取 13 次谐波（35~48 阶次谐波），在一个周期内我们得到了两个规则的阿秒脉冲，分别为 176as 和 172as，这两个脉冲的出现来自发射时间不同的两个轨道，即长短轨道，因为两个轨道强度相当则会产生很强的干涉，这与之前的讨论一致。当考虑核运动后，长轨道被抑制了，短轨道被加强了，这样一来，轨道间的干涉变弱，对产生孤立阿秒脉冲十分有利。通过截取了整个谐波平台（30~61 阶次）得到了一个 171as 的孤立阿秒脉冲，但是伴随着很多子脉冲。当截取 30~50 阶次的阿秒脉冲时，得到了一个 129as 的孤立阿秒脉冲，伴随着一个很弱的子脉冲，对主脉冲没有影响。

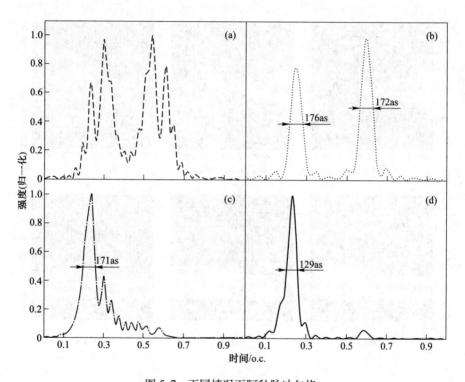

图 5.7 不同情况下阿秒脉冲包络

核固定情况下：（a）28~59 阶次；（b）35~48 阶次

核运动情况下：（c）30~61 阶次；（d）30~50 阶次

参 考 文 献

[1] SCHELEV M YA, RICHARDSON M C, ALCOCK A J. Image-converter streak camera with picoseconds resolution [J]. Appl. Phys. Lett. , 1971, 18: 354-357.

[2] ZEWAIL A H. Femtochemistry: Atomic-scale dynamics of the chemical bond [J]. J. Phys. Chem. A, 2000, 104: 5660-5694.

[3] GOULIELMAKIS E, YAKOVLEV V S, CAVALIERI A L, et al. Attosecond control and measurement: Lighwave electronics [J]. Science, 2007, 317: 769-755.

[4] CORKUM P B, KRAUSZ F. Attosecond science [J]. Nature Phys. , 2007, 3: 381-387.

[5] PAUL P M, TOMA E S, BREGER P, et al. Observation of a train of attosecond pulses from high harmonic generation [J]. Science, 2001, 292: 1689-1692.

[6] HENTSCHEL M, KIENBERGER R, SPIELMANN Ch, et al. Attosecond metrology [J]. Nature, 2001, 414: 509-513.

[7] 陈秀娥. 超短脉冲激光器原理及应用 [M]. 北京: 科学出版社, 1991.

[8] FERRAY M, LOMPRÉ L A, GOBERT O, et al. Multiterawatt picosecond Nd-glass laser system at 1053nm [J]. Opt. Commun. , 1990, 75: 278-282.

[9] PROTOPAPAS M, KEITEL C H, KNIGHT P L. Atomic physics with super-high intensity lasers [J]. Rep. Prog. Phys. , 1997, 60: 389-486.

[10] Mainfray G, Manus G. Multiphoton ionization of atoms [J]. Rep. Prog. Phys. , 1991, 54 (10): 1333-1372.

[11] FABRE F, PETITE G, AGOSTINI P, et al. Multiphoton above-threshold ionisation of xenon at 0. 53 and 1. 06pm [J]. J. Phys. B, 1982, 15: 1353-1369.

[12] PETITE G, FABRE F, AGOSTINI P. Nonresonant multiphoton ionization of cesium in strong fields: angular distributions and above-threshold ionization [J]. Phys. Rev. A, 1984, 29: 2677-2689.

[13] LOMPRÉ L A, MAINFRAY G, MANUS C. Multiphoton ionization of rare gases by a tunable-wavelength 30-psec laser pulse at 1. 06μm [J]. Phys. Rev. A, 1977, 15: 1604-1012.

[14] AGOSTINI P, FABRE F, MAINFRAY G, et al. Free-free transition following six-photo ionization of xenon atoms [J]. Phys. Rev. Lett. , 1979, 42: 1127-1130.

[15] GONTIER Y, TRAHIN M. Energetic electron generation by multiphoton absorption [J]. J. Phys. B, 1980, 13: 4383-4390.

[16] YERGEAU F, PETITE G, AGOSTINI P. Above-threshold ionization without space charge [J]. J. Phys. B, 1986, 19: L663-L669.

[17] KELDYSH L V. Ionization in the field of a strong electromagnetic wave [J]. Sov. Phys. JETP, 1965, 20: 1307-1314.

[18] AMMOSOV M V, DELONE N B, KRAINOV V P. Tunnel ionization of complex atoms and of atomic ions in an alternating electromagnetic field [J]. Sov. Phys. JETP, 1986, 64: 1191-1194.

[19] RASHID S. Approximate solution of the hydrogenlike atoms in intense laser radiation [J]. Phys. Rev. A, 1989, 40: 4242-4244.

[20] SHORE B W, KNIGHT P L. Enhancement of high optical harmonics by excess-photon ionization [J]. J. Phys. B, 1987, 20: 413-423.

[21] MCPHERSON A, GIBSON G, JARA H, et al. Studies of multiphoton production of vacuum-ultraviolet radiation in the rare gases [J]. J. Opt. Soc. Am B, 1987, 4: 595-601.

[22] FERRAY M, L'HUILLIER A, LI X F, et al. Multiple-harmonic conversion of 1064nm radiation in rare gases [J]. J. Phys. B, 1988, 21: L31-L35.

[23] WATANABE S, KONDO K, NABEKAWA Y, et al. Two-color phase control in tunneling ionization and harmonic generation by a strong laser field and its third harmonic [J]. Phys. Rev. Lett., 1994, 73: 2692-2695.

[24] MACKLIN J J, KMETEC J D, GORDON C L. High-order harmonic generation using intense femtosecond pulses [J]. Phys. Rev. A, 1993, 70: 766-769.

[25] PEATROSS J, MEYERHOFER D D. Intensity-dependent atomic-phase effects in high-order harmonic generation [J]. Phys. Rev. A, 1995, 52: 3976-3987.

[26] CHANG Z H, RUNDQUIST A, WANG H W, et al. Generation of coherent soft X-rays at 2.7nm using high harmonics [J]. Phys. Rev. Lett., 1997, 79: 2967-2970.

[27] SCHNÜRER M, SPIELMANN C, WOBRAUSCHEK P, et al. Coherent 0.5keV X-ray emission from helium driven by a sub-10fs laser [J]. Phys. Rev. Lett., 1998, 80: 3236-3239.

[28] RUNDQUIST A, DURFEE Ⅲ C G, CHANG Z H, et al. Phase-matched generation of coherent soft X-rays [J]. Science, 1998, 280: 1412-1415.

[29] NORREYS P A, ZEPF M, MOUSTAIZIS S, et al. Efficient extreme uv harmonics generated from picosecond laser pulse interactions with solid targets [J]. Phys, Rev. Lett., 1996, 76: 1832-1835.

[30] GIBSON E A, PAUL A, WAGNER N, et al. Coherent soft X-ray generation in the water window with quasi-phase matching [J]. Science, 2003, 302: 95-98.

[31] SERES J, YAKOVLEV V S, SERES E, et al. Coherent superposition of laser-driven soft X-ray harmonics from successive sources [J]. Nat. Phys., 2007, 11: 878-883.

[32] POPMINTCHEV T. Tunable ultrafast coherent light in the soft and hard X-ray regions of the

spectrum: phase matching of extreme high-order harmonic generation [D]. Colorado: University of Colorado, 2001.

[33] CORKUM P B. Plasma perspective on strong-field multiphoto ionization [J]. Phys. Rev. Lett. , 1993, 71: 1994-1997.

[34] WINTERFELDT C, SPIELMANN C, GERBER G. Colloquium: Optimal control of high-harmonic generation [J]. Rev. Mod. Phys. , 2008, 80: 117-140.

[35] LEWENSTEIN M, BALCOU P, IVANOV M Y, et al. Theory of high harmonic generation by low freauencv laser fields [J]. Phvs. Rev. A, 1994, 49: 2117-2132.

[36] BURNETT K, REED V C, COOPER J, et al. Calculation of the background emitted during high-harmonic generation [J]. Phys. Rev. A, 1992, 45: 3347-3349.

[37] HEYL C M, GÜDDE J, HÖFER U, et al. Spectrally resolved maker fringes in high-order harmonic generation [J]. Phys. Rev. Lett. , 2011, 107: 033903.

[38] CHEN M C, ARPIN P, POPMINTCHEV T, et al. Bright, coherent, ultrafast soft X-ray harmonics spanning the water window from a tabletop light source [J]. Phys. Rev. Lett. , 2010, 105: 173901.

[39] SHINER A D, SCHMIDT B E, TRALLERO-HERRERO C, et al. Probing collective multi-electron dynamics in xenon with high-harmonic spectroscopy [J]. Nature Phys. , 2011, 7: 464-467.

[40] BUTCHER T J, ANDERSON P N, CHAPMAN R T, et al. Bright extreme-ultraviolet high-order-harmonic radiation from optimized pulse compression in short hollow waveguides [J]. Phys. Rev. A, 2013, 87: 043822.

[41] CIAPPINA M F, AĆIMOVIĆ S S, SHAARAN T, et al. Enhancement of high harmonic generation by confining electron motion in plasmonic nanostrutures [J]. Optics Express, 2012, 20: 26261-26274.

[42] POPMINTCHEV T, CHEN M C, POPMINTCHEV D, et al. Bright coherent ultrahigh harmonics in the keV X-ray regime from mid-infrared femtosecond lasers [J]. Science, 2012, 336: 1287-1291.

[43] ISHIKAWA K L, TAKAHASHI E J, MIDORIKAWA K. Wavelength dependence of high-order harmonic generation with independently controlled ionization and ponderomotive energy [J]. Phys. Rev. A, 2009, 80: 011807.

[44] HE X, DAHLSTRÖM J M, RAKOWSKI R, et al. Interference effects in two-color high-order harmonic generation [J]. Phys. Rev. A, 2010, 82: 033410.

[45] RUF H, HANDSCHIN C, CIREASA R, et al. Inhomogeneous high harmonic generation in krypton clusters [J]. Phys. Rev. Lett. , 2013, 110: 083902.

[46] DROMEY B, RYKOVANOV S, YEUNG M, et al. Coherent synchrotron emission from electron nanobunches formed in relativistic laser-plasma interactions [J]. Nature Phys. , 2012, 8: 804-808.

[47] VOZZI C, NEGRO M, CALEGARI F, et al. Generalized molecular orbital tomography [J]. Nature Phys. , 2011, 7: 822-826.

[48] GHIMIRE S, DICHIARA A D, SISTRUNK E. Observation of high-order harmonic generation in a bulk crystal [J]. Nature Physics, 2011, 7: 138-141.

[49] ITATANI J, LEVESQUE J, ZEIDLER D, et al. Tomographic imaging of molecular orbitals, Nature, 2004, 432 : 867-871.

[50] QIN M Y, ZHU X S, ZHANG Q B, et al. Tomographic imaging of asymmetric molecular orbitals with a two-color multicycle laser field [J]. Optics Letters, 2012, 37: 5208-5210.

[51] ZWAN E V, CHIRILĂ C C, LEIN M. Molecular orbital tomography using short laser pulses [J]. Phys. Rev. A, 2008, 78, 033410.

[52] DRESCHER M, HENTSCHEL M, KIENBERGER R, et al. X-ray pulses approaching the attosecond frontier [J]. Science, 2001, 291: 1923-1927.

[53] MAIRESSE Y, DE BOHAN A, FRASINSKI L J, et al. Attosecond synchronization of high-harmonic soft X-rays [J]. Science, 2003, 302: 1540-1543.

[54] SPIELMANN C, BURNETT N H, SARTANIA S, et al. Generation of coherent X-rays in the water window using 5-femtosecond laser pulses [J]. Science, 1997, 278: 661-664.

[55] ANTOINE P, L' HUILLIER A, LEWENSTEIN M. Attosecond pulse trains using high-order harmonics [J]. Phys. Rev. Lett. , 1996, 77: 1234-1237.

[56] HE F, RUIZ C, BECKER A. Single attosecond pulse generation with intense mid-infrared elliptically polarized laser pulses [J]. Optics Letters, 2007, 32: 3224-3226.

[57] ZHENG Y H, ZENG Z N, ZOU P, et al. Dynamic chirp control and pulse compression for attosecond high-order harmonic emission [J]. Phys. Rev. Lett. , 2009, 103: 043904.

[58] BALOGH E, KOVACS K, DOMBI P, et al. Single attosecond pulse from teraherta-assisted high-order harmonic generation [J]. Phys. Rev. A, 2011, 84: 023806.

[59] KRAUSZ F. Attosecond physics [J]. Rev. Mod. Phys. , 2009, 81: 163-234.

[60] LEE K, CHA Y H, SHIN M S, et al. Relativistic nonlinear thomson scattering as attosecond X-ray source [J]. Phys. Rev. E, 2003, 67: 026502.

[61] SOKOLOV A V, WALKER D R, YAVUZ D D, et al. Raman generation by phased and antiphased molecular states [J]. Phys. Rev. Lett. , 2000, 85: 562-565.

[62] HENTSCHEL M, KIENBERGER R, SPIELMANN C, et al. Attosecond metrology [J].

Nature, 2001, 414: 509-513.

[63] ZENG Z Z, CHENG Y, SONG X H, et al. Generation of an extreme ultraviolet superconuum in a two-color laser fields [J]. Phys. Rev. Lett. , 2007, 98: 203901.

[64] ZHAI Z, LIU X S, Extension of the high-order harmonics and an isolated sub-100 as pulse generation in a two-colour laser field [J]. J. Phys. B, 2008, 41: 25602.

[65] HONG W Y, ZHANG Q B, YANG Z Y, et al. Electron dynamic control for the quantum path in the midinfrared regime using a weak near-infrared pulse [J]. Phys. Rev. A, 2009, 80: 053407.

[66] LI P C, ZHOU X X, WANG G L, et al. Isolated sub-30as pulse generation of an He^+ ion by an intense few-cycle chirped laser and its high-order harmonic pulses [J]. Phys. Rev. A, 2009, 80: 05382.

[67] ZHANG G T, WU J, XIA C L, et al. Enhanced high-order harmonics and an isolated short attosecond pulse generated by using a two-color laser and an extreme-ultraviolet attosecond pulse [J]. Phys. Rev. A, 2009, 80: 055404.

[68] YUAN K J, BANDRAUK A D. Single circularly polarized attosecond pulse generation by intense few cycle elliptically polarized laser pulses and terahertz fields from molecular media [J]. Phys. Rev. Lett. , 2013, 110: 023003.

[69] YOSHITOMI D, KOBAYASHI Y, TAKADA H, et al. 100-attosecond timing jitter between two-color mode-locked lasers by active-passive hybrid synchronization [J]. Optics Letters, 2005, 30: 1048-1410.

[70] SANSONE G, BENEDETTI E, CALEGARI F, et al. Isolated single-cycle attosecond pulses [J]. Science, 2006, 314: 443-446.

[71] GOULIELMAKIS E, SCHULTZE M, HOFSTETTER M, et al. Single-cycle nonlinear optics [J]. Science, 2008, 320: 1614-1617.

[72] FENG X M, GILBERTSON S, MASHIKO H, et al. Generation of isolated attosecond pulses with 20 to 28 femtosecond lasers [J]. Phys. Rev. Lett. , 2009, 103: 183901.

[73] SU Q, EBERLY J H, JAVANAINEN J. Dynamics of atomic ionization suppression and electron localization in an intense high-frequency radiation field [J]. Phys. Rev. Lett. , 1990, 64: 862-865.

[74] MERCOURIS T, KOMNINOS Y, DIONISSOPOULOU S, et al. Computation of strong-field multiphoton processes in polyelectronic atoms: State-specific method and applications to H and Li^- [J]. Phys. Rev. A, 1994, 50: 4109-4121.

[75] ZHOU X X, LIN C D. Linear-least-squares fitting method for the solution of the time-dependent Schrödinger equation: Applications to atoms in intense laser fields [J]. Phys. Rev. A, 2000,

61: 053411.

[76] CHU S I. Recent developments in semiclassical floquet theories for intense-field multiphoton processes [J]. Adv. At. Mol. Phys. , 1985, 21: 197-253.

[77] FEIT M D, FLECK J A, Steiger A. Solution of the Schrödinger equation by a spectral method [J]. J. Comput. Phys. , 1982, 47: 412-433.

[78] SU Q, EBERLY J H. Model atom for multiphoton physics [J]. Phys. Rev. A, 1991, 44: 5997-6008.

[79] RAE S C, CHEN X, BURNETT K. Saturation of harmonic generation in one- and three-dimensional atoms [J]. Phys. Rev. A, 1994, 50: 1946-1949.

[80] 彭玉华. 小波变换与工程应用 [M]. 北京: 科学出版社, 1999.

[81] TONG X M, CHU S I. Probing the spectral and temporal structures of high-order harmonic generation in intense laser pulses [J]. Phys. Rev. A, 2000, 61: R021802.

[82] ANTOINE P, PIRAUX B. Time profile of harmonics generated by a single atom in a strong electromagnetic field [J]. Phys. Rev. A, 1995, 51: R1750-R1753.

[83] MILOSEVIC D B, PAULUS G G, BAUER D, et al. Above-threshold ionization by few-cycle pulses [J]. J. Phys. B, 2006, 39: R203.

[84] SCHAFER K J, YANG B, DIMAURO L F, et al. Above threshold ionization beyond the high harmonic cutoff [J]. Phys. Rev. Lett. , 1993, 70: 1599.

[85] CHANG Z H. Single attosecond pulse and XUV supercontinuum in the high-order harmonic plateau [J]. Phys. Rev. A, 2004, 70: 043802.

[86] PFEIFER T, GALLMANN L, ABEL M J, et al. Single attosecond pulse generation in the multicycle-drive regime by adding a weak second-harmonic field [J]. Opt. Lett. , 2006, 31: 975-977.

[87] PÉREZ-HERNÁNDEZ J A, CIAPPINA M F, LEWENSTEIN M, et al. Beyond carbon K-edge harmonic emission using a spatial and temporal synthesized laser field [J]. Phys. Rev. Lett. , 2013, 110: 053001.

[88] LÖFFLER T, BAUER T, SIEBERT K J, et al. Terahertz dark-field imaging of biomedical tissue [J]. Opt. Express, 2001, 9: 616-621.

[89] HONG W, LU P, CAO W, et al. Control of quantum paths of high-order harmonics and attosecond pulse generation in the presence of a static electric field [J]. J. Phys. B, 2007, 40: 2321-2331.

[90] HONG W, LU P, LAN P, et al. Few-cycle attosecond pulses with stabilized-carrier-envelope phase in the presence of a strong terahertz field [J]. Opt. Express, 2009, 17: 5139-5146.

[91] XIA C L, ZHANG G T, WU J, et al. Single attosecond pulse generation in an orthogonally

polarized two-color laser field combined with a static electric field [J]. Phys. Rev. A, 2010, 81: 043420.

[92] KIM K Y, GLOWNIA J H, TAYLOR A J, et al. Terahertz emission from ultrafast ionizing air in symmetry-broken laser fields [J]. Opt. Express, 2007, 15: 4577-4584.

[93] ZUO T, BANDRAUK A D. High-order harmonic generation in intense laser and magentic fields [J]. J. Nonlinear Opt. Phys. Mater, 1995, 4: 533.

[94] BANDRAUK A D, LU H Z. Controlling harmonic generation in molecules with intense laser and static magnetic fields: Orientation effects [J]. Phys. Rev. A, 2003, 68: 043408.

[95] LAPPAS D G, MARANGOS J P. Orientation dependence of high-order harmonic generation in hydrogen molecular ions [J]. J. Phys. B, 2000, 33: 4679-4689.

[96] XIA C L, LIU X S. Quantum path control and isolated attosecond pulse generation with the combination of two circularly polarized laser pulses [J]. Phys. Rev. A, 2013, 87: 043406.

[97] MÖLLER M, CHENG Y, KHAN S D, et al. Dependence of high-order-harmonic-generation yield on driving-laser ellipticity [J]. Phys. Rev. A, 2012, 86: 011401 (R).

[98] KOPOLD R, MILOŠEVIĆ D B, BECKER W. Rescattering processes for elliptical polarization: A quantum trajectory analysis [J]. Phys. Rev. Lett., 2000, 84: 3831.

[99] CORKUM P B, BURNETT N H, BRUNEL F. Above-threshold ionization in the long-wavelength limit [J]. Phys. Rev. Lett., 1989, 62: 1259.

[100] DRESCHER M, HENTSCHEL M, KIENBERGER R, et al. Time-resolved atomic inner-shell spectroscopy [J]. Nature, 2002, 419: 803-807.

[101] ZOU P, LI R, ZENG Z, et al. Generation of an isolated sub-100 attosecond pulse in the waterwindow spectral region [J]. Chin. Phys. B, 19: 019501.

[102] Wu J, Zhang G T, Xia C L, et al. Control of the highorder harmonics cutoff and attosecond pulse generation through the combination of a chirped fundamental laser and a subharmonic laser field [J]. Phys. Rev. A, 2010, 82, 013411.

[103] KIM S, JIN J, KIM Y, et al. High-harmonic generation by resonant plasmon field enhancement [J]. Nature, 2008, 453: 757-760.

[104] SIVIS M, DUWE M, ABEL B, et al. Nanostructure-enhanced atomic line emission [J]. Nature, 2012, 485: E1-E3.

[105] PARK I, KIM S, CHOI J, et al. Plasmonic generation of ultrashort extreme-ultraviolet light pulses [J]. Nature Photonics, 2011, 5: 677-681.

[106] HUSAKOU A, IM S J, HERRMANN J. Theory of plasmon-enhanced high-order harmonic generation in the vicinity of metal nanostructures in noble gases [J]. Phys. Rev. A, 2011, 83: 043839.

[107] CIAPPINA M F, BIEGERT J, QUIDANT R, et al. High-order-harmonic generation from inhomogeneous fields [J]. Phys. Rev. A, 2012, 85: 033828.

[108] YAVUZ I, BLEDA E A, ALTUN Z, et al. Generation of a broadband XUV continuum in high-order-harmonic generation by spatially inhomogeneous fields [J]. Phys. Rev. A, 2012, 85: 013416.

[109] HE L, WANG Z, LI Y, et al. Wavelength dependence of high-order-harmonic yield in inhomogeneous fields [J]. Phys. Rev. A, 2013, 88: 053404.

[110] LUO J, LI Y, WANG Z, et al. Ultra-short isolated attosecond emission in mid-infrared inhomogeneous fields without CEP stabilization [J]. J. Phys. B, 2013, 46: 145602.

[111] WANG Z, LAN P, LUO J, et al. Control of electron dynamics with a multicycle two-color spatially inhomogeneous field for efficient single-attosecond-pulse generation [J]. Phys. Rev. A, 2013, 88: 063838.

[112] CAO X, JIANG S, YU C, et al. Generation of isolated sub-10attosecond pulses in spatially inhomogenous two-color fields [J]. Optics Express, 2014, 22: 26153-26161.

[113] Santra R, Yakovlev V S, Pfeifer T, et al. Theory of attosecond transient absorption spectroscopy of strong-field-generated ions [J]. Phys. Rev. A, 2011, 83 (3).

[114] SEIDEMAN T, IVANOV M Y, CORKUM P B. Role of electron localization in intense-field molecular ionization [J]. Phys. Rev. Lett., 1995, 75: 2819.

[115] VAMIOLO G, CASTIGLIA G, CORSO P P, et al. Two-electron systems in strong laser fields [J]. Phys. Rev. A, 2009, 79: 063401.

[116] WU J, KUNITSKI M, PITZER M, et al. Electron-nuclear energy sharing in above-threshold multiphoton dissociative ionization of H_2[J]. Phys. Rev. Lett., 2013, 111: 023002.

[117] CHELKOWSKI S, FOISY C, BANDRAUK A D. Electron-nuclear dynamics of multiphoton H_2^+ dissociative ionization in intense laser fields [J]. Phys. Rev. A, 1998, 57: 1176.

[118] DOBLHOFF-DIER K, DIMITRIOU K I, STAUDTE A et al. Classical analysis of Coulomb effects in strong-field ionization of H_2^+ by intense circularly polarized laser fields [J]. Phys. Rev. A, 2013, 88: 033411.

[119] YUAN K J, BANDRAUK A D. Circularly polarized molecular high-order harmonic generation in H_2^+ with intense laser pulses and static fields [J]. Phys. Rev. A, 2011, 83: 063422.

[120] SILVA R E F, CATOIRE F, RIVIÈRE P, et al. Correlated Electron and Nuclear Dynamics in Strong Field Photoionization of H_2^+ [J]. Phys. Rev. Lett., 2013, 110: 113001.

[121] HAN Y C, MADSEN L B. Internuclear-distance dependence of the role of excited states in high-order-harmonic generation of H_2^+ [J]. Phys. Rev. A, 2013, 87: 043404.

[122] GUAN X, BARTSCHAT K, SCHNEIDER B I, et al. Resonance effects in two-photon double ionization of H_2 by femtosecond XUV laser pulses [J]. Phys. Rev. A, 2013, 88: 043402.

[123] BANDRAUK A D, CHELKOWSKI S, LU H Z, Signatures of nuclear motion in molecular high-order harmonics and in the generation of attosecond pulse trains by ultrashort intense laser pulses [J]. J. Phys. B, 2009, 42: 075602.

[124] BANDRAUK A D, CHELKOWSKI S, KAWAI S, et al. Effect of nuclear motion on molecular high-order harmonics and on generation of attosecond pulses in intense laser pulses [J]. Phys. Rev. Lett. , 2008, 101: 153901.

[125] ZHENG Y H, ZENG Z N, LI R X, et al. Isolated-attosecond-pulse generation due to the nuclear dynamics of H_2^+ in a multicycle midinfrared laser field [J]. Phys. Rev. A, 2012, 85: 023410.

[126] MIAO X Y, DU H N, Theoretical study of high-order-harmonic generation from asymmetric diatomic molecules [J]. Phys. Rev. A, 2013, 87: 053403.

[127] LEIN M. Attosecond probing of vibrational dynamics with high-harmonic generation [J]. Phys. Rev. Lett. , 2005, 94: 053004.